DATE WITH A ROMANTIC BANQUET DINING SPACE

宴遇 Ⅵ

餐饮空间

策划 欧朋文化 百翊文化
编著 贾方 黄滢

U0313271

華中科技大學出版社
http://www.hustp.com

东方传奇

时尚华彩

工业酷秀

个性飞扬

绿色生态

东方
传奇
Oriental
Legend

首尔四季酒店

建筑规划公司：Heerim Architects & Planners
设计公司：LTW Designworks
室内设计：AvroKO 设计事务所、傅厚民等

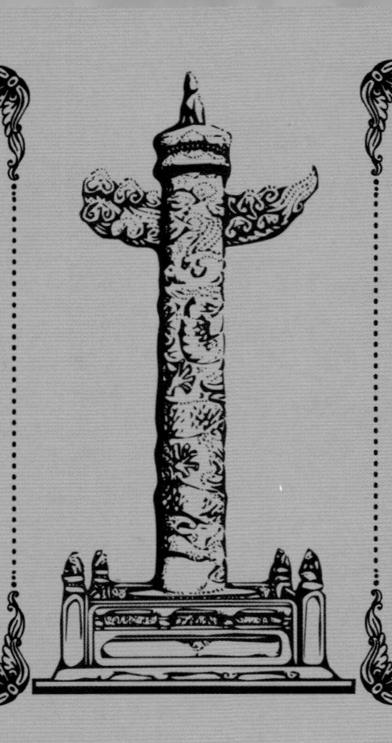

宴遇小课堂

餐饮大数据都说了些啥?

（这些数据代表近年已发生，但并不代表未来的必然走向。）

中餐和快餐依旧是消费者选择较多的两种类型。

中餐派系里最受欢迎的是川菜和火锅。

最受欢迎菜品三大巨头是：红烧肉、酸菜鱼、水煮鱼。

顾客对于菜品有着出乎意料的高达 90% 的忠诚度。

追求时尚、个性的年轻消费者群体正在崛起，他们对餐饮的品质有一定要求，并能承受比市场平均价略高的价位。

高端餐饮在收缩。

互联网的发展已渗透到餐饮业的方方面面。

首尔四季酒店位于中央商务区的核心位置，可便捷抵达首尔主要商务区、外交使馆区、历史古迹、购物及潮流街区。此次四季首度入驻韩国，选址于一栋全新而奢华的高楼。

首尔四季酒店由建筑规划公司 Heerim Architects & Planners 及设计公司 LTW Designworks 共同完成。酒店拥有 317 间自然光充裕的客房及套房，坐拥 7 间充满巧思、风格迥异的餐厅及酒吧，皆由世界顶级创意人才或公司设计而成，如 AvroKO 设计事务所与长居香港的傅厚民（André Fu）。其中包括 4 间餐厅、3 间酒吧，以及 2 间针对需要外带食物的宾客特别开设的特色食品商店，以满足宾客多样的餐饮及娱乐需求。

Boccalino 餐厅

Boccalino 为意大利餐厅，设计灵感源自中世纪时风靡米兰的时尚与文化风潮。Boccalino 餐厅提供现代料理，并以美味比萨和牛排为特色菜肴带来高端的餐饮体验。

Yu Yuan

Yu Yuan 是一间华丽的具上海风情的餐厅，设有精致的北京烤鸭烤炉，并以多处茶艺吧与 8 间豪华包厢带来私密的餐饮与娱乐体验。

Kioku 餐厅

Kioku 是一间由自然光照射、设计为 3 层塔式的日式餐厅，将简单的美食体验升华至与家人、朋友和同事相处的一段难忘时光。餐厅提供吧台、私密及半私密三种类型的区域供宾客落座。

The Market Kitchen

The Market Kitchen 的布局如同欧洲集市，美食爱好者们可在此邂逅世界各地的美食，一边欣赏厨师们精彩的现场烹饪表演，一边品尝源源不断的美妙小食。若想稍后细细品味，可前往 The Market Larder 商店，购买心仪的食材、礼物和可即刻带走的热腾腾的餐食。

Boccalino 酒吧

酒吧毗邻与它同名的 Boccalino 餐厅，在光线充足的宽敞区域为宾客带来酒吧式的放松氛围。这里有精致的吧椅、酒桌和舒适柔软的沙发卡座，宾客小聚于此或亲密交谈都会倍感惬意。客人们可佐以一系列意大利本土或是国际知名的葡萄酒、烈酒和开胃酒，在此品尝精选的季节性佳肴。

Charles H. 酒吧

Charles H. 将成为全城、乃至世界独一无二的鸡尾酒品鉴圣地，其灵感源自带有传奇色彩、穷尽味蕾享受的鸡尾酒大师查尔斯 • 贝克（Charles H. Baker）。走入 Charles H. 酒吧，仿佛来到美国禁酒令时期那些激动人心的地下酒吧，只是这里更多了一份韩国风格与元素。

Maru 休闲酒廊

Maru 如同四季酒店的私家客厅，窗外熙攘的首尔街景尽在眼前，全天提供经典的休闲酒廊小食，还提供下午茶服务。

BAR
BOCCALINO

SCULPTURE
HADID
Paris

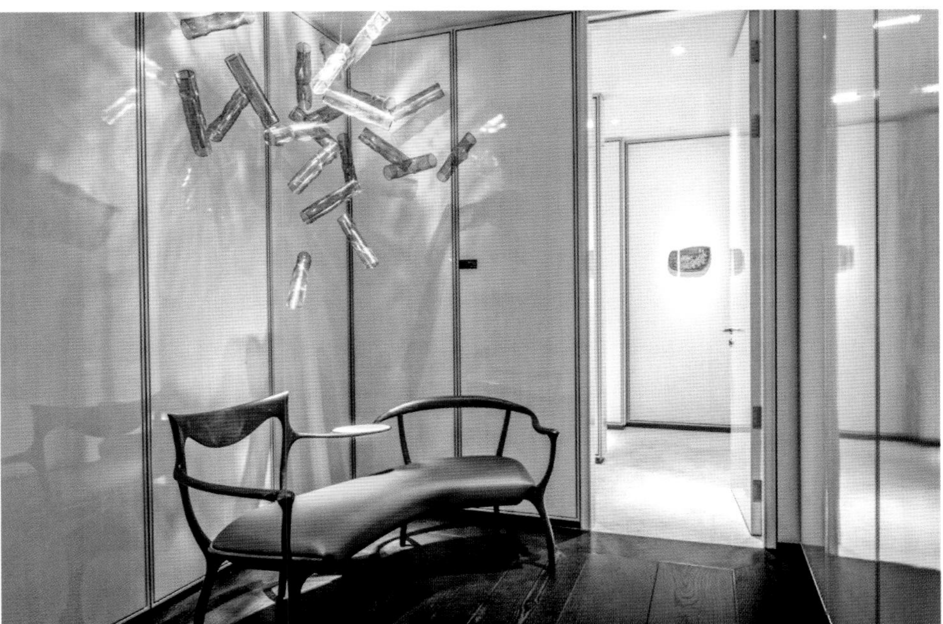
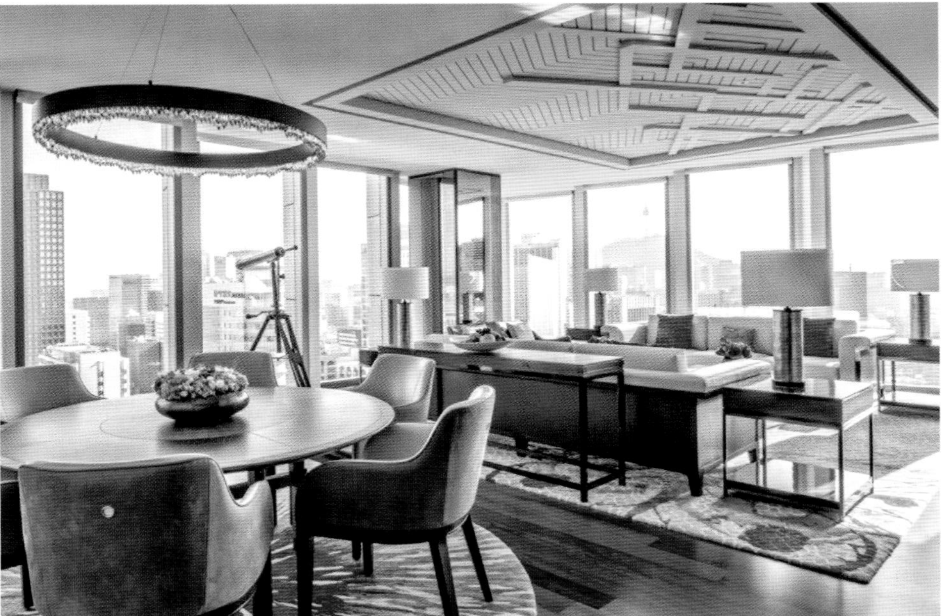

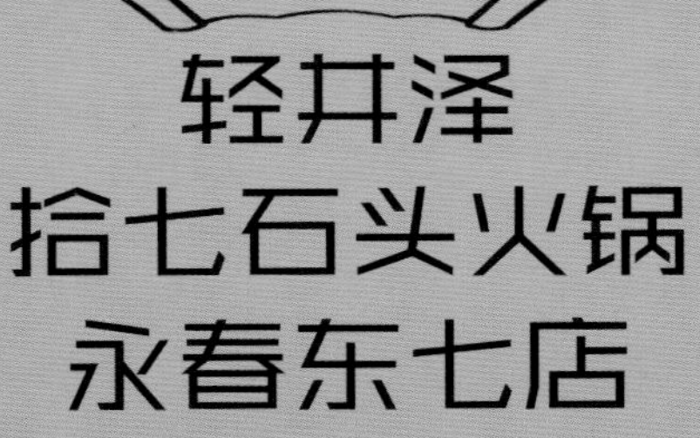

轻井泽
拾七石头火锅
永春东七店

设计单位：周易设计工作室
主持设计师：周易
参与设计：陈威辰 陈昱玮 张育诚
基地面积：1480 平方米
楼板面积：1F: 836 平方米 / 2F: 641 平方米 / 3F:270.4 平方米
主要材料：文化石、铁刀木皮染黑、锯纹面白橡木皮、杉木实木断面、旧木料、黑卵石
摄影师：和风摄影、吕国企

宴遇小课堂

首次开店所需费用构成有哪些？

1. 租金（含按金与租金，租金需准备好第一年的租金）。
2. 装修费用。越是高档餐厅，装修费用越应预算充足。
3. 置办生产经营所需的各类设备和用品，以及易耗品，起码准备能满足餐馆正常经营使用 3 天到 1 周的量。
4. 办证的各项支出。
5. 开始装修到正式营业前应该支付的所有工资之和（员工需提前招聘及培训）。
6. 准备好采购原料和购买应急物品时所需的周转资金。
7. 不可预计突发事件的准备金。这部分的费用则是上面 6 项费用总和的 5%~30%。

在做预算的时候务必记得要做的预估的费用多一点，细节更详尽一些。预算并不只是为了计算花了多少钱，而是让我们更加明确地知道，我们要花多少时间、多少钱能做什么事。

楔子取名＂拾七＂，旨在拾七日食，舌尖日日的美味。
「拾物」，拥戴自然纯粹，坚持使用最新鲜的食材。
「拾地」，寻访大地初心，搜罗小农四时勤耘的土地好滋味。
「拾时」，慢火熬煮，掬一瓢清澈透亮的黄金汤。
「拾工」，大火逼香，释放透心透肺的缕缕香气。
「拾人」，食宴巧匠，细工美味打动人心。
「拾伴」，邀伴相聚，食材鲜香扑鼻，暖胃、暖心、暖人。
「拾七」，用本于初衷的道地真味，换来日日的美好。
用餐空间，是种可以很放松，却也可以很隆重的仪式。
为了向食材、天地、精湛的庖工技艺致敬，不妨将用餐空间视作在一种灵性充满的结界之内，而「轻井泽 - 拾七」的落成，正是希望透过设计、情境、语汇的铺陈，将用餐的过程、五感提升到更高层次！
两层楼高的基地面积逾 990 平方米，建筑自路边起算向内退缩近 8 米，让出 4 米水景加 4 米等候区的充裕纵深，结合低台度、植栽矮篱、灯光设计、禅意水景以及对水平视线的掌握，由外向内逐次展演出层层有景的起承转合，进而传递出内敛的界线的概念。
中央入口以巨大黑铁牌楼象征里外，面镌笔力遒劲的＂拾七＂落款，恰与后方巍峨的建筑量体相呼应。建筑正面铸以静穆双斜顶，彰显传统日式民居惯以白泥、夯土、木柱紧密交融的剖面线条，檐下以 FRP 材质模拟神灵结界象征的巨大祝连绳，在灯光烘托下，交缠的麻纤肌理极其逼真，不光是阻断车水马龙、让瞬间情绪沉淀的存在感，也缓缓释放一种空灵和寂静俱在的神秘氛围。
建筑外观灵感源自日本神社，这是古建筑静谧美学的再淬炼；借企口版与黑瓦堆栈，勾勒出古朴、粗糙的类锈铁质感，从此素材归于背景，超长的连续面承继静穆之韵。横向开展的等候区，两侧安排沁凉水景，池间各镶缀火炽枯木和隐喻浮岛的峥嵘景石，被烧空的木头形成精巧水道，水声淙淙沁人心脾，翠绿草皮烘托景石，营造低台度窗外望的袖珍画境。进门首见以厚实岩块搭配实木台面砌成的柜台，说明不修边幅其实是种凌驾时间的永远，而背景的竹编肌理则呼应了灯光的明暗，变成袅袅的低吟絮语。一、二楼个别安排景深幽邃的客座群落，环顾尽是温暖、安静的木头基调，没有丝毫喧哗成分；半人高的轻盈木格栅分别自天、地发芽、伸展，移植昭和时期的怀旧美学，完成多层次的划界目的，也成就

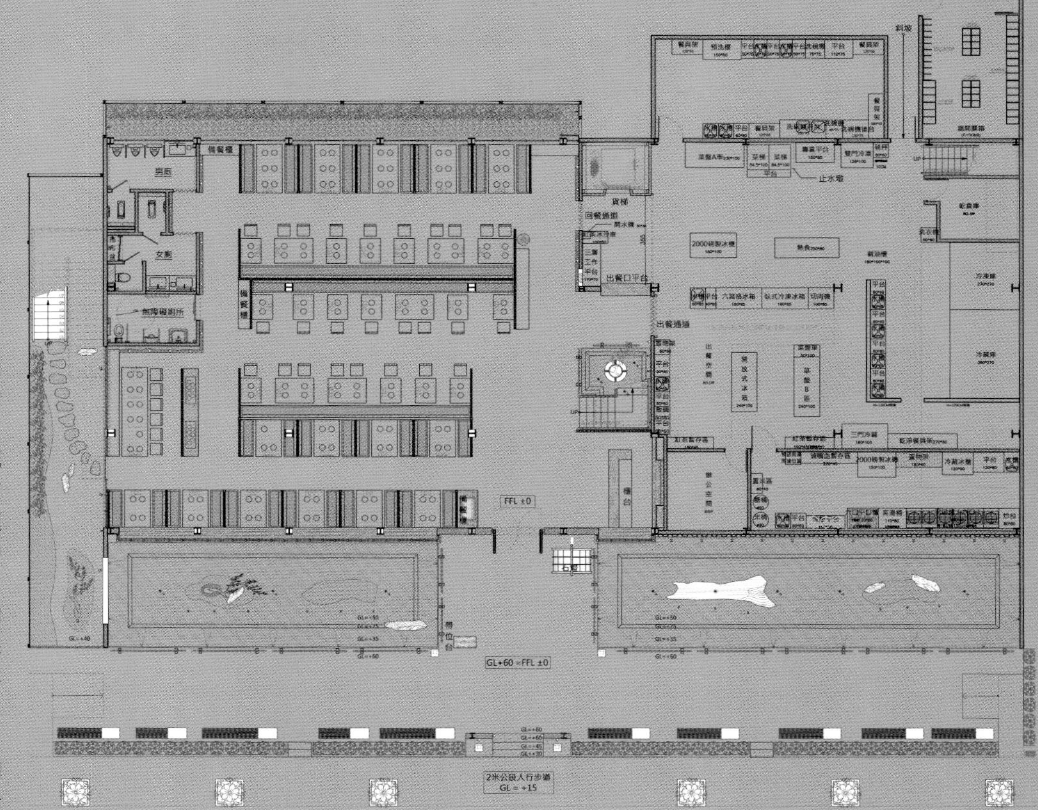

輕井澤

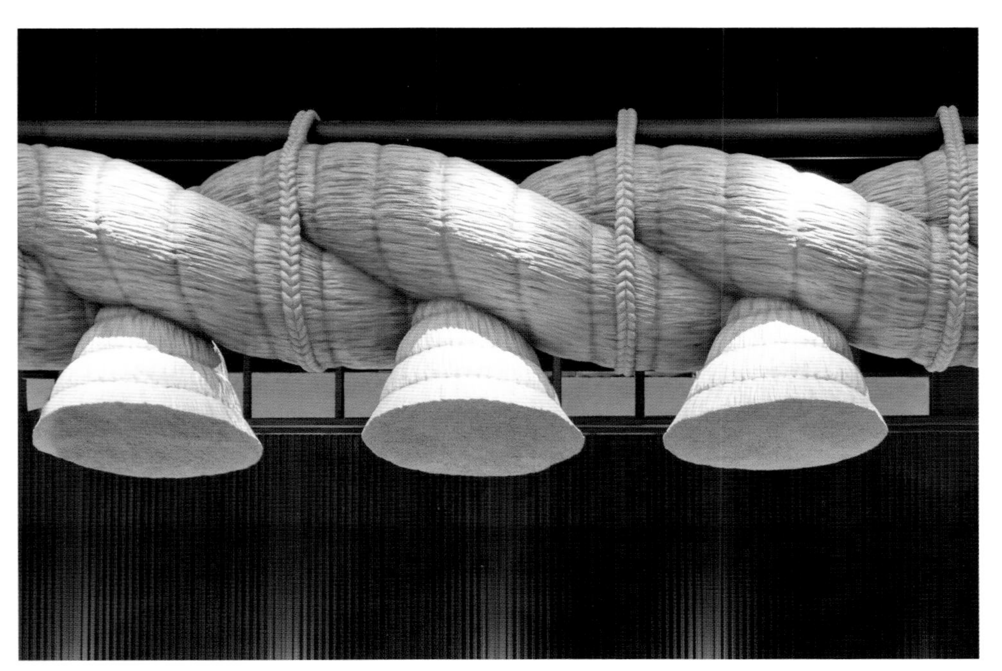

了背景光的滥觞。客座上方悬挂数量颇众的鼓灯，幽微的光，兀自晕着久远的浪漫，一动一静；对比着不断来去穿梭的人影。
一楼后段预留 1 米纵深的空间，打造出采光天井，并栽植翠绿修竹掩映微风间，娉婷摇曳的丰姿佐餐最宜，夜里华灯初上，更有如梦境般的旖旎。拾阶而上，悬垂枯枝经灯光投影，在素墙上留下瞬息万变的印象泼墨，俨然一步一景的趣味，成为迎宾的另类形式；局部梯间墙面并以铁网格窗打开视野，烙印移动间的惊鸿一瞥。二楼客座延续并列轴线，其一，上围框绕周边的木格栅，让空间涌现庄严的意象，末段的过道两侧分置佛陀水景与石砌柜台，境由心生但凡如此；其二，在客座两边顺序排列木格栅与废弃锅盖，是“数大便是美”的具体实践。

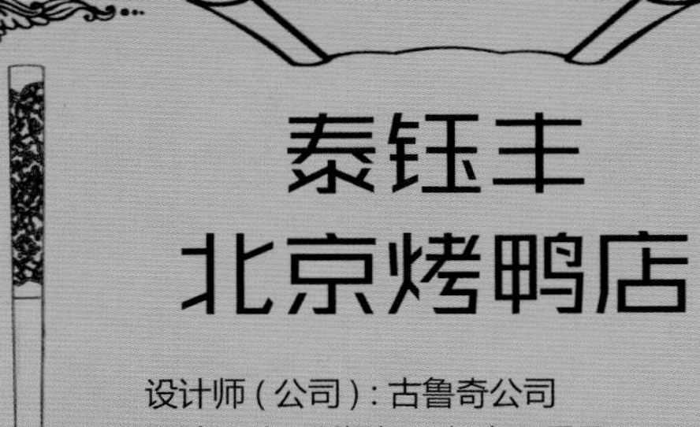

泰钰丰
北京烤鸭店

设计师（公司）：古鲁奇公司
设计团队：利旭恒、赵爽、季雯
客户：泰钰丰
项目面积：750 平方米
摄影：孙翔宇

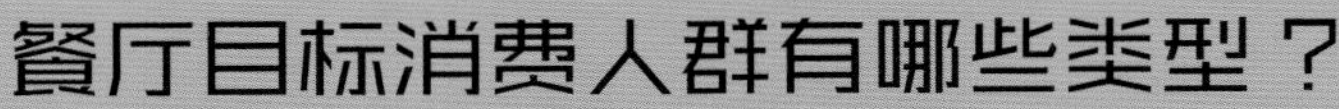

餐厅目标消费人群有哪些类型？

根据用餐的程度、动机以及消费特点来对顾客做类别的划分。调查数据显示其中有一个消费群体，消费者年龄在 30 岁到 40 岁之间，工作稳定，有着较为良好的经济收入，对于美味有着自己独到的见解，愿意在美食上投入大量的精力与金钱，只要发现有新开的饭店就立马蠢蠢欲动，在第一时间前去品尝，这类人可称为“尝鲜派”。尝鲜派、保守派及不确定性的偶然派消费者就是整个餐饮消费者群体的基本组成部分。尝鲜派是主动搜寻美食的，争取他们是味道制胜餐厅的重要任务。保守派消费者的数量很可观，而且持续性强，对经营几年的老店来说当然是这样的客户越多越稳定，尝鲜派也可以转化为保守派。此外，偶然派则是无特定目标，随机出现的消费群，这种消费者群体的数量非常大，如果他们能“路转粉”，成为该店的保守派，当然也是餐厅的重要客源。

从外出用餐的消费动机，还可以分为填饱肚子、享用美味、会议、宴请以及旅游团这五种客户群。对餐厅来说，能帮助准确锁定目标消费群才是关键。

古鲁奇公司近期在天津开发区完成了烤鸭店 " 泰钰丰 "。烤鸭一直是京城最著名的美食之一，设计团队希望将老北京文化引入空间设计中，规划初期思考什么样的设计既能够带给当地人时尚感又能留下老北京的印象，餐饮环境空间中的我们最常使用水墨书法等艺术品作为空间的中式主题概念。

设计团队尝试着将传统青花笔筒现代演绎：进入二楼用餐区，两根柱子矗立在空间正中间，大量的小笔筒以柱子为中心 ,围合成一个巨大的笔筒。夸张的视觉感成为整个空间的亮点。四面则是以现代演绎过的中式百宝格作为背景，应该是满满古玩的百宝格内却空无一物。每一处细节都是希望赋予客人们在用餐时以想象的空间外，更带来一丝文化联想。

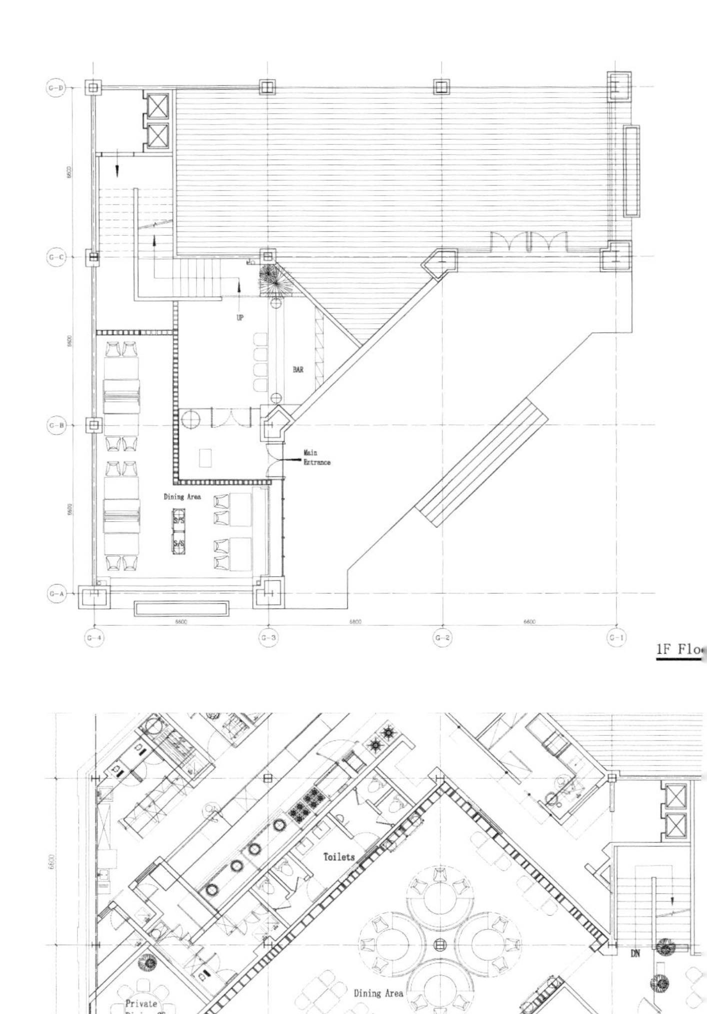
BAR
Main Entrance
Dining Area
UP
1F Flo

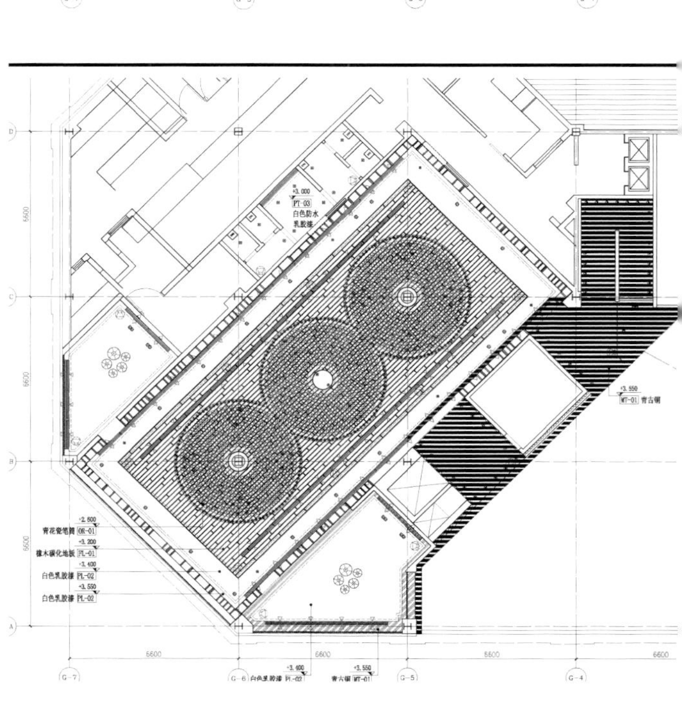

SCALE: 1/100
G-2
属十字百叶风口
、新风
(同吊顶色)
口、新风、送风
口、排风、出风
乐(JBL Control
24C 吸顶喇叭
上凹20mm位置安装)
合图
SCALE: 1/100
G-2

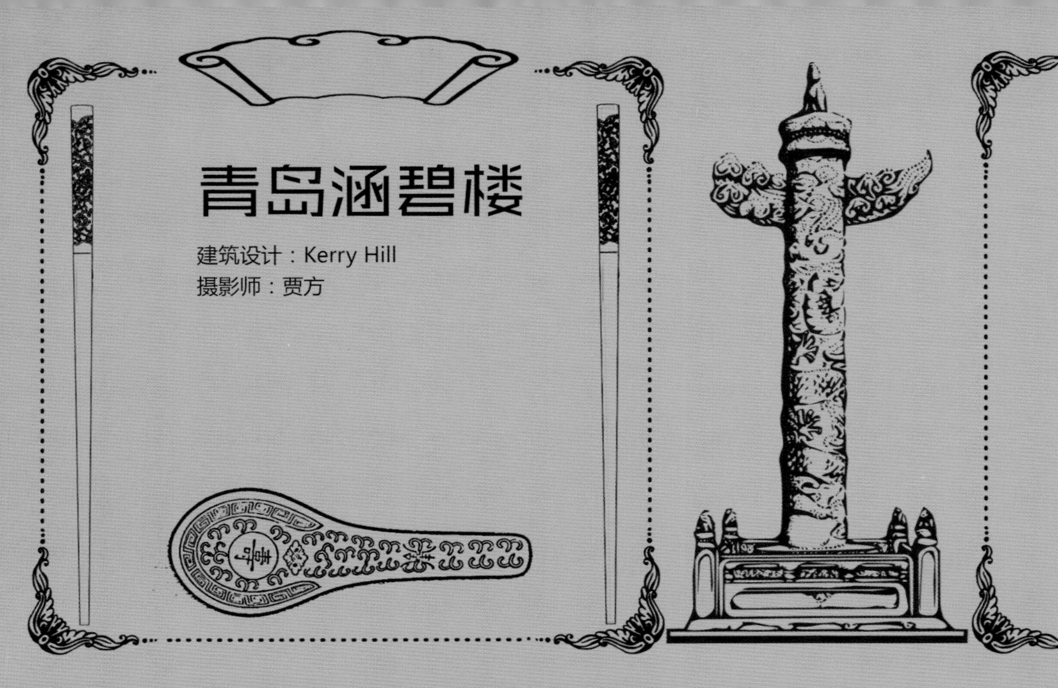

青岛涵碧楼

建筑设计：Kerry Hill
摄影师：贾方

宴 遇 小 课 堂

顾客选择餐饮店的标准是什么？

餐饮店的地理位置交通是否便利，菜品是否可口美味，价格是否合理，以及上菜速度的快慢，这四点无论放到哪家餐饮店都是适用的。

酸、甜、苦、辣、咸这五味里头，辣成为了捕获各位饕客内心的不二法宝，不知从何时开始，麻、辣、鲜、香成为了大众消费的主流，又有谁能够真正抵御住那种摄人心魄的美味呢？

对于每个大厨而言，追求的不仅仅是口味，想要抓住饕客的心，并留住他们，让饕客成为坚定不移的支持者和回头客才是商家所追求的，所以除了口味之外，食材、营养，甚至是经验都是抓住顾客的胃，甚至是心的不二法宝。

青岛涵碧楼是台湾乡林集团布局大陆的第一个文化创意度假酒店。该酒店位于青岛市黄岛区，背依凤凰山，三面环海。酒店由国际著名的建筑大师 Kerry Hill 担纲设计，以大开大合的现代极简风格，将繁复炫目的装潢一一摒弃，让住客充分感受与碧海蓝天融为一体的悠闲与放松。

青岛涵碧楼秉承台湾涵碧楼品质，基地总面积 212 亩（约 14.15 万平方米），该项目总投资近 5 亿美元，规划 330 间客房，总建筑面积 14.5 万平方米，内含 160 间消费客房、海景独栋别墅 41 栋、海景复层别墅 30 栋、可容纳 80 桌以上的大型国际会议厅、多国美食餐厅、户外游泳池、海上婚纱教堂与宴客厅、SPA 会馆等。

自日月潭涵碧楼开始，涵碧楼便创立了“极简”“禅风”的建筑风格。而这次的青岛涵碧楼是乡林集团再度携手日月潭涵碧楼设计大师 Kerry Hill，在大陆打造的首家酒店，设计利用原木、花岗岩、玻璃和金属四种自然低调的材料，创造出宛如从自然景观中“生长”出来的建筑。酒店的摆设、装潢都以直线为主，垂直的吊灯、整齐的桌椅、直线式的吧台桌柜，让人感觉整洁有序。青岛涵碧楼依山傍海，每间房间拥有 100 平方米的大空间，除延续了日月潭涵碧楼建筑的极简风外，还保有并融合了当地的自然景观，像是黄岛区金沙滩的沙滩、岩盘全数保留，鲍鱼池变成饭店的特色规划之一。这种看似古老的建筑不仅不会因岁月的增加而显得老旧，反而能随着岁月的流逝益发显现其价值。

为了体现山东当地的特色，整个酒店的设计思路是将鲁地的儒家文化贯穿始终，所以如果你在酒店大门前看见一排编钟、编磬也不要觉得奇怪，礼仪一直是文明之邦的象征，六艺中的礼、乐、射、御、书、数，在这里体现了两项。

青岛涵碧楼内开设了多个美食餐厅，能满足不同口味的消费者多种功能的需求。

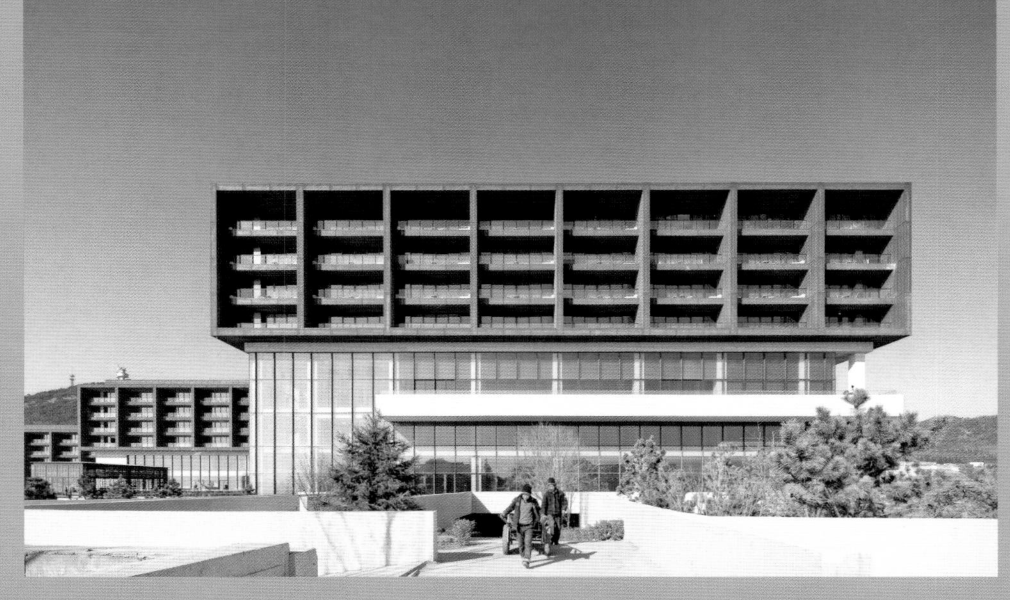

“十一厨”自助餐厅

“十一厨”位于一楼，这里有 11 个格子，每一个格子有不同主打风格的食物，有日本料理、韩餐、西餐、水果、点心，当然少不了品种繁多的海鲜大餐，食物摆设精致、品种丰富。装饰也是简洁而低调，客人在这里可以安静地享受心仪的美食。

里遇餐厅

在里遇餐厅，开阔的空间里，琳琅满目的餐具、玻璃杯在光的折射下，绽放出耀眼的光芒，清透的玻璃与粗犷的石材贴面形成了有趣的对比。再往深里走，展现在眼前的就是一个满布着名酒的藏酒房。酒店总设计师 Kerry Hill 那光与影的游戏规则也在这里展露无遗。红色的酒瓶、绿色的酒瓶，都在这里被整齐地摆放着，高约 3 米的酒架上分列着不同年份、不同品种的美酒。

池畔茶馆

池畔茶馆在一个迎海面水的矩形玻璃屋内，吊顶上挂满了白色的灯笼，给人清静淡雅之感。以儒家传统文化为依托，室内点缀着各种人文小景：人像石头、旧式藤编箱、鸟笼、酒坛，这些都是从仍在使用它们的人手里重金回收的，以让文化韵味在这里得到沉淀和延伸。在这里泡上一壶茶，欣赏着海浪拍岸，听着涛声阵阵，度过最悠然、自在的闲暇时光。

青岛涵碧楼的每一处都散发着儒家传统文化的审美趣味，华屋美器、丝竹美馔，处处得见儒家文化的现代演绎。

广州柏悦酒店

建筑设计：Goettsch Partners
室内设计：Super Potato
雕塑装置：川俣正

高层餐厅如何布局？

在一些经济比较发达的城市，都有可以俯瞰城市风景的高层餐厅，这种餐厅的优势在于，位在高处少了一些限制，比如排油烟和排气变得相当方便。布局的时候应把餐座的位置设计得靠近外墙，方便顾客观赏外面的景观；而厨房所需的空间较大，应设计在较近的地方。其缺点则是所需物品的搬运不够方便，客货垂直交通量增加，由于运输量较为庞大，所以在厨房内设立与服务电梯内部联系的通道是最佳解决方案。

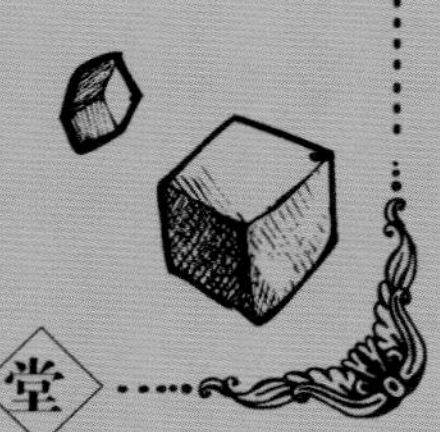

宴遇小课堂

作为中国国内第 6 家柏悦酒店、第 3 家城市商务柏悦酒店，柏悦延续了一贯的占领地标建筑的作风。广州柏悦酒店坐落在珠江新城 CBD 中轴线西侧的超高层建筑富力盈凯上，这是富力地产倾力打造的高端、多功能综合物业，酒店就位于富力盈凯的 53 层之上。广州柏悦酒店尽揽羊城醉人美景，为城市的风景线徒添华丽之魅。毗邻历史悠久的珠江河畔，酒店置于珠江新城中最优越地段，与广州塔、广州歌剧院及独具魅力的花城广场为邻。

酒店的楼体外观由以设计卓越和服务细腻而闻名的美国知名建筑公司Goettsch Partners精心打造。酒店的内部设计由日本著名设计公司 Super Potato 重磅呈现。原木、金属、青砖、石体等天然建筑材料被运用于酒店的各处设计之中，并大量地运用了各种传统的岭南建筑元素，最大程度地体现了对于材质的认知和尊重，摒弃了流于表面的矫饰，完整地保留了原味。酒店诚邀世界闻名的雕塑艺术家川俣正先生为其担纲制作了主要雕塑装置艺术品。

广州柏悦酒店在各式画作、雕塑和装饰品的精心点缀下，令宾客在漫步于酒店各处的同时，仿佛置身于艺术品长廊，尽享低调的奢华之感。208 间典雅、现代的舒适客房， 旨在打造一处远离城市喧嚣的休闲胜地，缔造私密的愉悦时光。位于 63 层的柏悦水疗中心为客人带来身心的休憩与放松。客人在尊享 25 米室内恒温泳池的同时，还将窗外珠江两岸的醉人景致尽收眼底，仿佛人在空中自由徜徉。设施完善的健身中心 24 小时开放。

悦景轩

位于酒店 68 层的悦景轩中餐厅，采用经典粤式烹饪手法，选用最新鲜的当季食材，将食物的天然五味与均衡营养完美结合。

悦轩

位于酒店 65 层，传递异国料理的无限风情，令饕客尽情享受地中海风味特色意大利南部美食。

悦厅

空间设计极具家居感的悦厅，裸露的青砖与精致的木板墙使宾客如同置身于一座典雅的中式庭院。

悦吧

悦吧位于柏悦酒店 70 层，亦是中国目前最高的屋顶露天酒吧之一。通过室内区域全景落地窗及无遮挡户外露台，绝佳的城市美景一览无遗。

悦居

面积 1300 平方米的悦居是城中最高的宴会场所之一，位于酒店 66 层。透过全景落地窗可全方位鸟瞰城市美景，奢华陈设与自然光照相互辉映。

LIVING ROOM

DINING ROOM

同顺居北京菜馆中心城店

设计机构：深圳臻品设计
陈设顾问：深圳华墨国际
设计面积：800 平方米

餐厅品牌定位包括哪些内容？（一）

定价不等于定位，定价只是经营者对其产品在所处市场中位置的评估。餐饮店的品牌价值是其环境氛围、设施、产品、服务、消费者的心理感受加上价值观和文化传统的综合体现。那么定位包括哪些方面？

1. 市场定位。核心在于寻找市场的空白点和机会点，然后占有这个位置。

2. 档次定位。档次定位确定后，随之就是定价、定装修档次、食材档次及服务的等级等。

3. 客户群定位。俗话说众口难调，一种菜式满足所有人的胃口是不现实的。客户群定位就是锁定餐厅的目标消费群，按他们的喜好、口感、需求来提供产品和服务。按他们的方式说话，同他们的圈子沟通，走他们常用的通路，令他们满意。目标客户群还可进一步划分为核心客户群、重要客户群、普遍客户群，以划分资源投入比例。

宴遇小课堂

胡同，北京人对它们有着特殊的感情，它们不仅是出入家门的通道，更是一座座民俗风情博物馆，为社会生活烙下了印记。它既是北京特有的、古老的城市小巷，也是北京文化的载体；老北京的生活气息就弥漫在这胡同的角落里、在这四合院的一砖一瓦里、在居民之间的邻里之情里。如今，因为城市建设，北京胡同正在慢慢消失，成为了更多人无法抹去的回忆！

深圳，从一个小渔村发展成为中国改革开放的窗口，一直被认为是文化沙漠的移民城市却一跃成为世界设计之都；在这里有那么一群人在努力探索着这样一件事：把北京传统胡同文化与西方现代饰具结合，营造出耳目一新的特色餐饮空间。运用门档、图腾、门神、戏台、陈旧雕花屏风、民国描金两进大床的服务台、清末京剧武生大靠（戏服）、老北京挂画等老北京传统元素结合西式油画、家具、水晶吊灯等，勾勒出“古老又时尚、传统又现代”的东情西韵之就餐环境。

在繁华的都市里寻找儿时最纯真的根深蒂固的童年记忆，仿佛老母亲就在耳边呢喃着孩时的故事——让人温馨、幸福、回味、感动！

着重于优雅的灯光、古朴的装饰、极美的格调，令人心旷神怡、回味无穷；鲜明张扬的色彩、质朴时尚的材质，静逸中蕴含着动感；用夜色和灯光融合璀璨，营造出情调独特而又鲜明的空间感；奢华与简约，深邃与悠然既对立又统一。

戏台的设置更是一大特色，将几千年的戏剧文化融入现代大都市的餐饮环境之中，人们在尽享美食之余，还可以欣赏精美的、传统古老的让人回味无穷的艺术，吃着饭、听着曲，突然就掉进了时光的隧道，仿佛玩了一回穿越。

每一种装饰风格都有其特定的文化背景作为支撑，以此传递给人们特定文化环境下对生活的追求，中式风格正是以我们几千年的历史文化作为支撑，传递给人们的是中国文化深远、悠久、厚重、优雅的文化氛围，营造的是极富中国浪漫情调的空间。

整体的色彩选择上以庄重的黑、灰为主，体现中国文化深沉、厚重的底蕴。中式风格在整体的布局上虽然力求对称、庄重，但在细节上又更倾向于自然情趣、对花鸟鱼虫等精细雕刻，取其美好的寓意来表现人们对美好生活的追求。

透过半通透的古老雕花屏风，在若隐若现的雅座包间里，感受“千呼万唤始出来，犹抱琵琶半遮面”之意境，置身其中，未见其艺，先闻其声，探头寻去，如娇羞的美女抚琴于台。

本案设计的重点是中式和西式如何融合以及它们各占的比例。设计师努力营造出一个开放的空间形态，让各种设计元素（如中式韵味的窗花、石材、门档、老北京挂画和西式油画、家具、水晶吊灯等元素）都可以有机地融入进来，同时精确把握中式元素所占比例，让中式元素成为主体，争取从一个新的角度去诠释中式风格的神韵。

雅舍
TONG SHUN JU

TONG SHUN JU

TONG SHUN JU

九川堂

设计公司：周易设计工作室
主持设计师：周易
参与设计：陈昱玮、张育诚
基地面积：625.18 平方米
楼地板面积：1F: 445.5 平方米 / 2F: 433 平方米
主要材料：黑板石、橡木皮染黑、钢刷梧桐木皮、南非紫檀木、美桧
摄 影 师：和风摄影、吕国企
撰文：林雅玲

餐厅品牌定位包括哪些内容？（二）

4. 文化定位。如果把品牌比作一个人，这个人穿什么衣服，是什么性格，说什么话语，做什么事，发表什么观点，都会被目标受众评估。喜欢的人自然会来结交，不喜欢的就会避之不及。品牌文化就是品牌的气质，影响到消费者对它的感观和体验。

5. 核心优势定位。这是品牌在市场竞争中脱颖而出的利器。如果没有核心优势，即使勉力开张，也很容易被取代。

6. 产品定位。以上种种策划最后还是要落实到产品本身。上佳的口感、独特的味道、新鲜的食材、色香味俱全的设定、赏心悦目的包装都是产品加分的重要选项。产品定位反过来作用以上 5 项定位。

禅谧．流体

基地为两层楼独栋建筑，单层楼面近百坪，方整却精致的建筑量体，在极讲究的灯光烘托下相当悦目。入口两侧铺陈灯光水景，借光点的渲染，让栽植其间的鸢尾更显翠绿，让人眼见之后情绪就能跟着沉淀，更能悠闲地享受接下来的用餐时间。平整的建筑正面采用铁木格栅为主题，透过疏与密的直列错位，创造微妙的视觉穿透感，以及静定、轻盈的身形，建筑上下结合洗墙灯光，打出柔和的渐进式光晕，同时呼应大门上方大师挥毫的“九川堂”店招，直书的铁壳光体字力道遒劲，淋漓阐述刚柔并济的禅韵之美。

进门一楼右侧设置接待柜台，凿面石皮佐以原木剖面，让量体外观洋溢着浓郁的自然感，柜台后方采撷中式花窗加以改良，三座精致的铁件格栅在背景光的衬托下，与柜台的粗犷展开激情对话。接着，视线前方居中的巨大双层循环景池映入眼帘，抿石子砌作的长方形量体朴实亲切，边缘以光带将池体与地坪脱开，配合水面造雾器、灯光的运作，强化烟波浩渺的轻盈漂浮感。池面上方使用大面积黑烤玻璃施作顶棚，宛如夜空般深邃的玻璃面，精工锁上以量取胜的木构件群落，造就仰角视野里“数大便是美”的磅礴张力，并绕着池畔底定全场的循环动线，而所有用餐的来客，也都能毫无阻碍地欣赏完整造景。此外，环着烟波水池设置的卡座造型古朴简雅，连续墙面与卡座间的屏风介质，都以交错的格栅语汇一气呵成，设计者特地后衬白膜玻璃，借光的氤氲，施展炉火纯青的剪影艺术。

循着水景旁的扶梯往上，二楼的用餐区让人忍不住深呼吸，仿佛瞬间移动到了另个次元。

居中仍是一方烟波水景，一座黑陶缸兀自矗立，带来定心安神的效果。空间上方缜密排列的波形格栅无疑是全案的惊喜！自墙面漫过天顶，温柔又强势地拥抱着整个空间，气象万千的流体造型，每一列都精心包覆着钢刷梧桐木皮，而毫无违和感的律动线条，仰赖精准的设计、比例拿捏与繁复的现场放样，才能让优美弧体尽管积体庞大，但就算最低点都不会对来客产生压迫感。置身其间，人们的感知类似漂浮于无形的异次元之中，穿出格栅悬垂的灯光，加上黑褐色的卡座压底，像极了夏夜海上星星点点的渔火。全案以不设限的想象力，糅合特色素材与现代手法，解译了兼具优雅与奇幻的抽象禅风，给人们带来了耳目一新的感官享受。

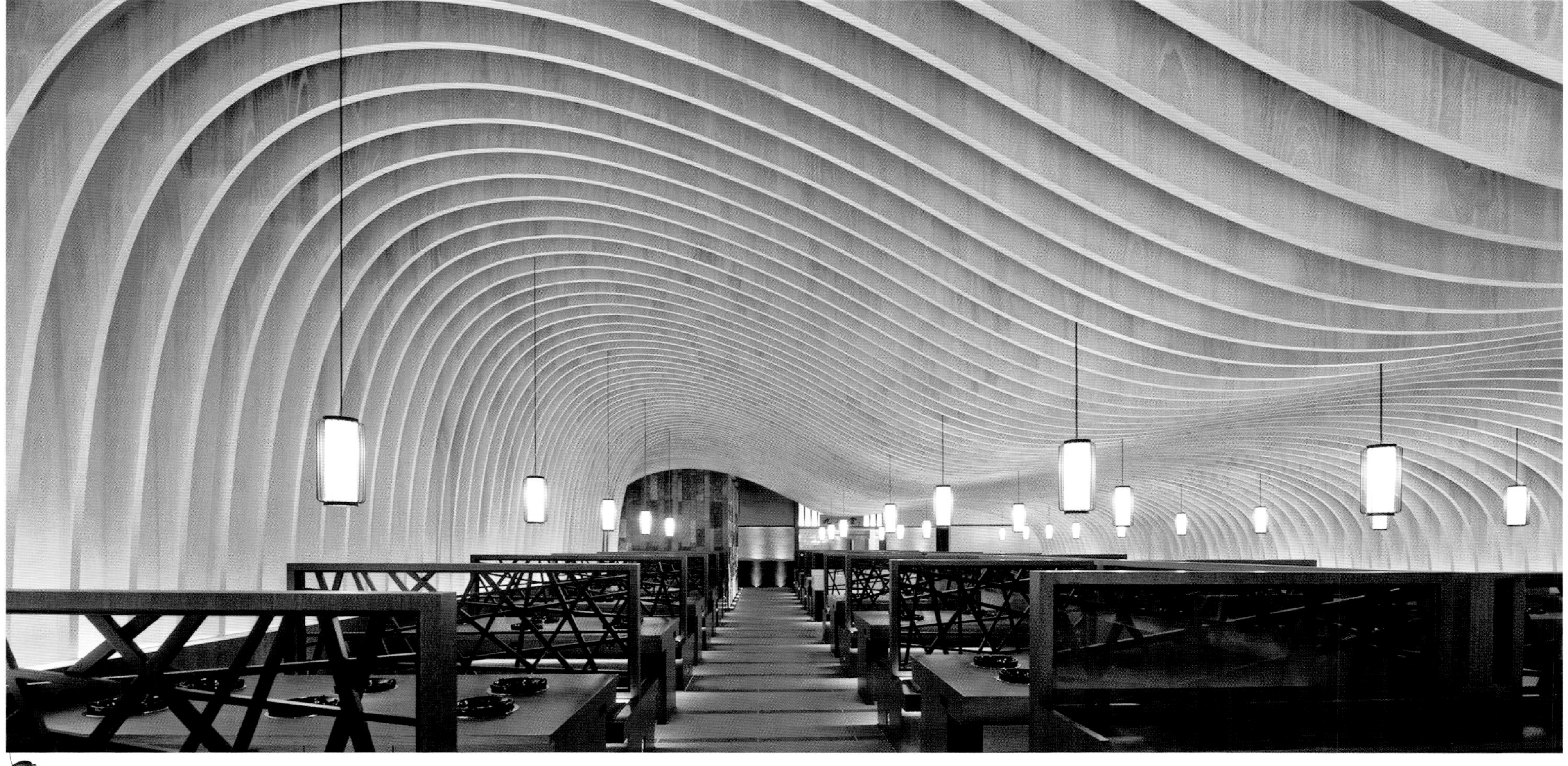

阳阳包子铺

设计师（公司）：古鲁奇建筑咨询公司
设计团队：利旭恒、赵爽、魏杰、许娇娇
项目位置：中国北京
项目面积：300 平方米
摄影：孙翔宇

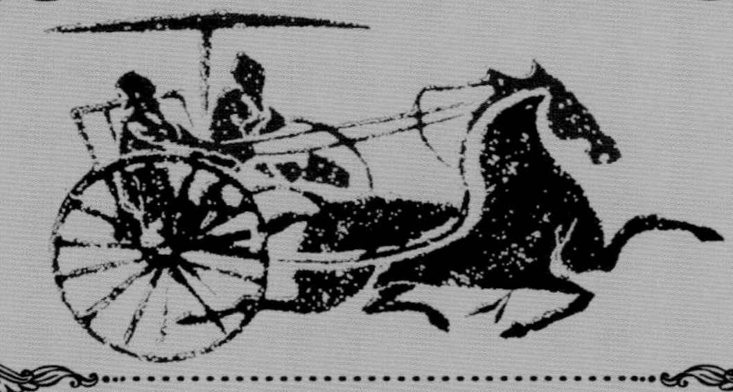

餐饮品牌定位的核心是什么？

定位意味着牺牲，做品牌定位就一定要舍。一个品牌是无法满足所有人的需求的，个性化的品牌必有自己的特色，让品牌锁定的目标客户群满意，并且成为忠实粉丝，才是品牌茁壮成长的基础。品牌定位的核心在于对目标人群的定位分析和商业模式的梳理，基础打好了，后面的路才能走得顺畅。

包子是在中国随处可见的街头小吃。大部分包子铺都仅在口味上费尽工夫以赢得客户，然而有一些品牌却已将优质的店铺设计视为不可或缺的成功秘方，北京的阳阳包子铺就是其中之一。古鲁奇公司受邀为其打造全新的形象店，为了将传统制作包子的状态引入到空间设计中，设计师用解构的方式重新诠释了“包子蒸笼”这一概念。拆解的包子蒸笼成为空间的主角，醒目地出现在顶棚上，有些蒸笼也结合了与柱子的关系，搭配最代表北京的颜色——红，营业时间人声鼎沸如蒸汽般与蒸笼开始产生对话。大面积从农村拆下的老砖墙，零星的凳子，水磨石地板，竹藤吊灯，运用竹子屏风将整个空间切割成为几个热闹的空间角落。就凭着这些，北京包子从此性感了起来。

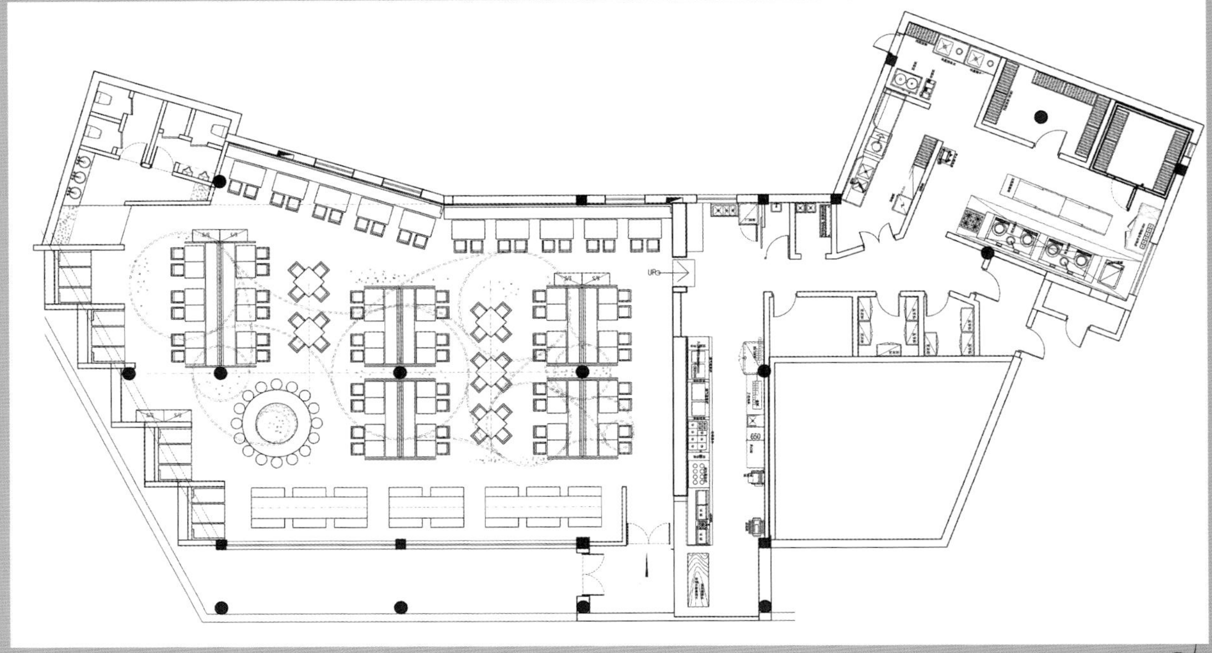

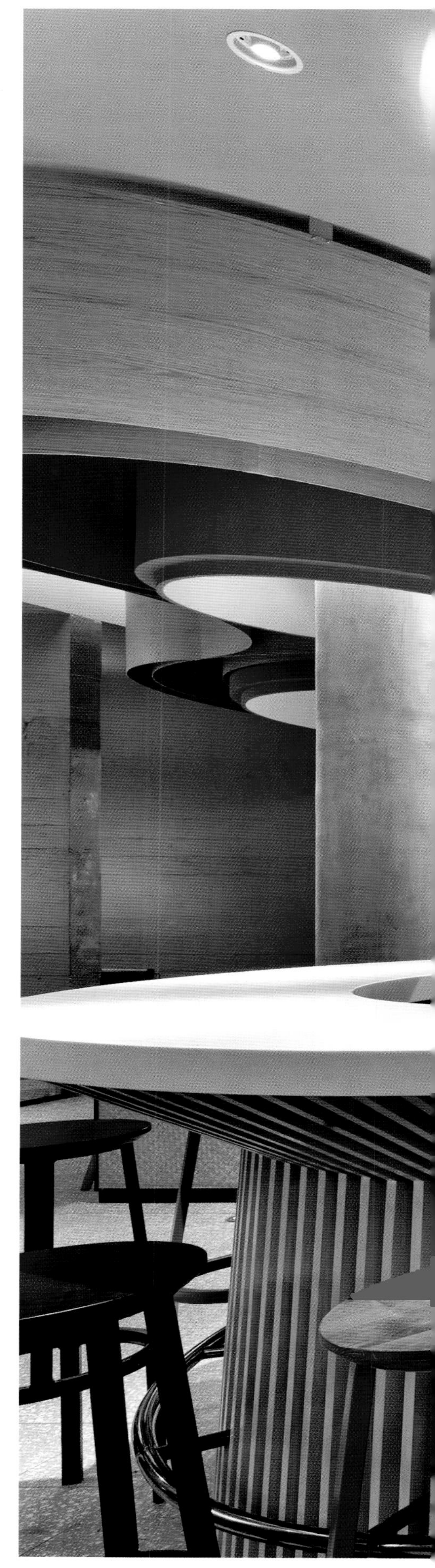

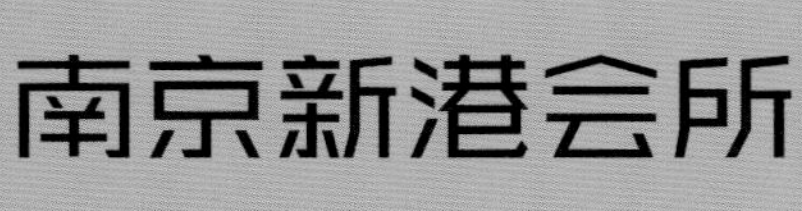

南京新港会所

设计公司：南京我们设计
主创设计：闻子
软装设计：王文翠、李苗
摄影师：贾方
设计面积：350 平方米

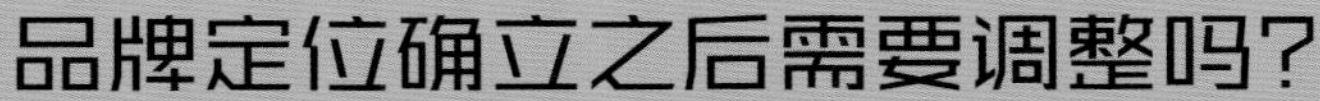

品牌定位确立之后需要调整吗？

确定品牌定位是一个餐饮品牌打造的基础，它将决定并影响后面一系列的流程，比如经营方向、选址、店面设计、装修风格、菜品、推广等等，这是一个完整的开店流程。但定位不是一成不变的。定位是在市场寻找自身合适的位置，市场是不断变化的，定位也应相应做出调整。比如产品定位，产品不是一定下来就不变更的，有时要根据季节的变化更换一些食材；另外，喜新厌旧也是人性之一，不断推陈出新，开发出具有代表性的产品、应季产品或是能够满足不同层次消费群体的套餐等，才能主动吸引住消费者的胃口。此外，每个顾客的口味、喜好都不相同，根据他们的需求研发试销对路产品也是企业经营的法则。随着科技发展的日新月异，与时俱进优化营销策略，丰富营销手段也是大势所趋，以变应变，找到和发挥品牌自身独特的价值，是品牌定位的目标所在。

该项目坐落于南京市江宁区，本案的风格本是出于业主对生活的高度诉求，天然木、透光玻璃、玫瑰金不锈钢、银灰洞石材、手绘壁纸等材料打造出摩登的单色设计，不经意流露着低调奢华的风格。软装色调以米灰色、深咖色为主调，再配以蓝调真丝手绘屏风、水晶等材质来体现高品质的追求，在内敛而严谨的基调上，有些许活力在跳动，但绝不张扬。

柠檬春天 绿色餐厅

设计公司：大于空间张开旺设计组
设计师：张开旺
撰文：林赛贞

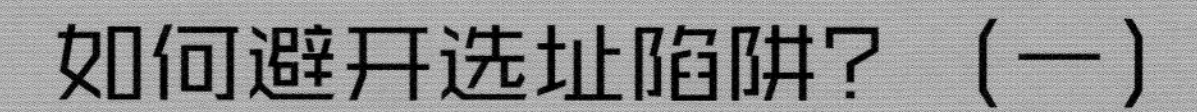

如何避开选址陷阱？（一）

选址正确与否对一家餐厅的经营成败具有非常重要的影响。作为需要依赖大批客流量的餐饮店要是能够占据有利的地理环境，势必能为未来的发展打好基础，而位置没选对，那就会增大开业后的经营难度，从而增加经营成本。如果要进驻新商圈，除了要看商圈的位置、硬件和推广能力外，还要看运营商做旺商圈的能力，如招商能力，吸引客户群的能力，经营管理能力，对业态的把握，对商家的选择和维护力度。如果对商圈没有足够的信心，可以等待一段时间，看看其经营的成效，等第二波品牌调整时再根据实际情况找准机会进驻。

ARCHITECTURE
IN
THE TWENTIETH

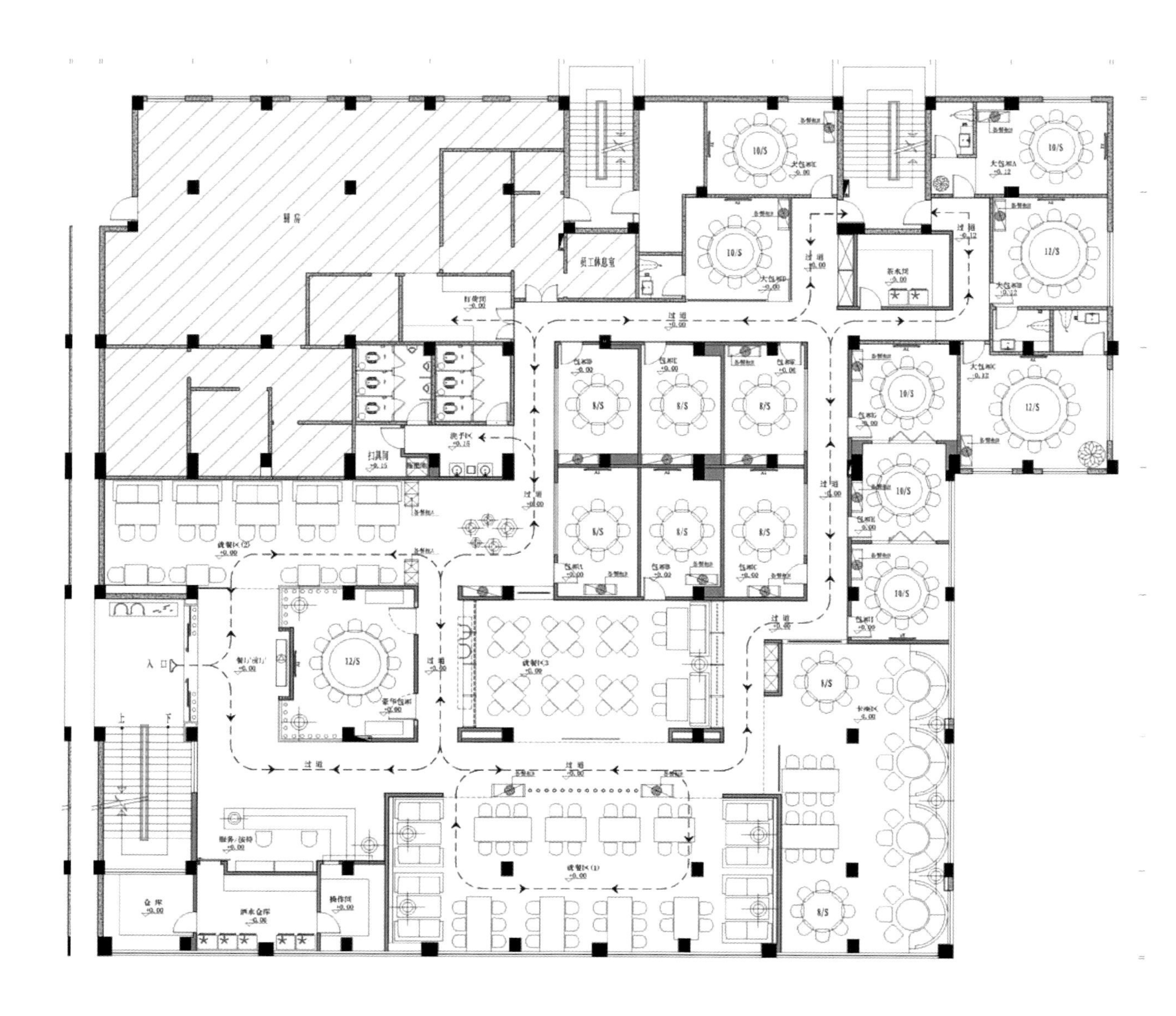

柠檬春天绿色餐厅，位于长乐海边，原来是一家海鲜餐厅，接手者是一对热爱传统美食的年轻夫妇，设计师张开旺全权将其改造成一家清新的时尚中餐厅。

张开旺始终坚持一个理念：“所有的设计都是率先为功能服务的，先解决好功能问题，继而才是漂亮、时尚的观之感受，并尽可能降低成本。”整个餐厅占地 1200 平方米，张开旺先把原本平铺的 600 平方米大餐厅分割成四个不同面积以满足不同人群需求的就餐区域，如此一来，一是避免了因为餐厅太大引起管理的混乱，一个个小餐厅更易做好专属服务；二是半开放式的不同包间，既保护了客人的隐私，又让怀抱海边度假之心的客人不至于感到压抑；三是人不多时，只需开放 A、B、C、D 四个餐厅中的一个，不仅节约水电，也让客人在就餐时觉得更温馨。

对于广告出身的张开旺而言，设计成何种风格从来不是他心之所向，凭借敏锐的直觉“排兵布阵”，把一个个区域设置成顾客流连忘返的地方，让挑剔的食客度过一个个愉快的用餐时间才是他关心的焦点。整个餐厅错落有致，由大面积的绿色调构成，掺杂大量的米色、灰色、白色，营造出时尚之感。他选用的都是身边熟悉的事物，但巧妙地把它们组合在了一起，给了人们一个难忘的柠檬餐厅之旅。

路口处，左侧荡漾的水波符号，与海边气息和此地的安静氛围不谋而合；右侧抢眼的绿色草坪墙，让人仿佛走进自然之中享受了一顿饕餮大餐，调皮地挂在木质墙上的是姿态优美的“游鱼”。透过镂空的中式屏风、西式休闲靠椅、大理石餐桌、具金属感的金刚板地板……雅致的餐厅环境不言而喻。每个既相互独立又可相互联结的餐厅，都是由镂空的白色中式屏风和叠拼而成的青花瓷隔开的，轻易就叩开了人们记忆的门扉。具有木纹理的地塑墙，使用的是不仅环保又具防火的材质，极易养护，也缩短了施工时间。

让人印象深刻的是去洗手间的路上，往往因为排队而让时间显得漫长，设计师特意在灰色调地板的基础上，别具匠心地矗立了个强壮的西方雕塑人，双腿曲膝手托起一排书架，学习之路“任重而道远”的内涵以心感悟可见，并巧妙地转移了如厕之人的注意力，他们可以与雕塑合影留念，浏览书架上的书籍。为了迎合餐厅主要客群即年轻人的消费心理和审美品位，所有的家居单品一律选用包豪斯现代家具，简单、舒适、优雅。

B05
B06

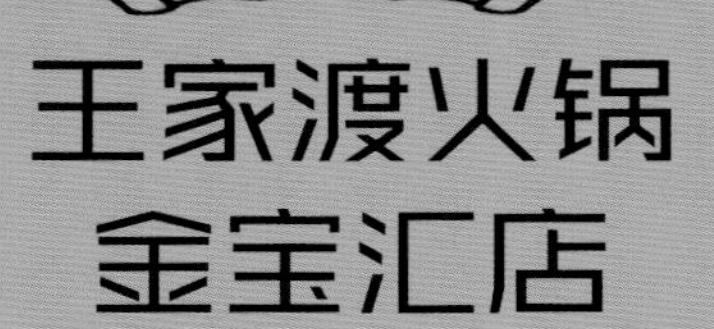

王家渡火锅 金宝汇店

设计机构：经典国际设计机构（亚洲）有限公司
设计师：王砚晨、李向宁、易艳
竣工日期：2015 年 5 月
面积：500 平方米
主要材料：透光清水玉大理石、亚克力激光切割屏风、单向透光镜面纹样玻璃、渔网等

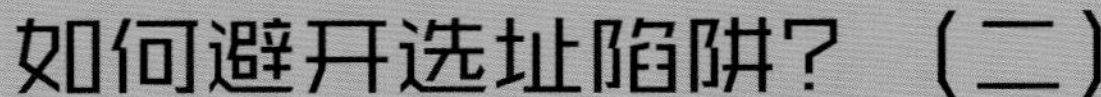

如何避开选址陷阱？（二）

旺的商圈必然贵，寸土寸金这是常理。那楼中楼能不能选呢？比如科技园区或是写字楼之类的地方。这类地方相对租金便宜，客源稳定，但是也有风险。先要调查各个楼层的空置率，基本人流量有多少要心中有数。此外，对客户要有一定认知。楼内的消费者是否乐于在此地用餐，会不会出去到周边，附近还有多少竞争对手，竞争状态怎样，新餐厅进驻后，是否能在菜品、服务或是环境上做到差异化，有哪些优势可以突围而出。如果除了工作日较为短暂的午餐之外，周末等节假日几乎没有人来光顾，餐厅还能维系和赢利吗？多问一些问题，在市场中去找答案，不打无准备之仗。

身在都市，心在自然
我们试图回归火锅的本初体验，邀三五好友，闲坐船头，其间水天一色，芦苇荡漾、水鸟飞舞，桌上铜锅沸腾，大快朵颐，不亦快哉！于是空间的设计表达以艺术化的手法呈现自然之态，渔网山水、波纹屏风、钢网水幕、玻璃芦苇，以及地面上被 LED 灯光照亮的水纹大理石，无不营造出水岸渡口的自然之美，真可谓兴之所至，顺其自然。

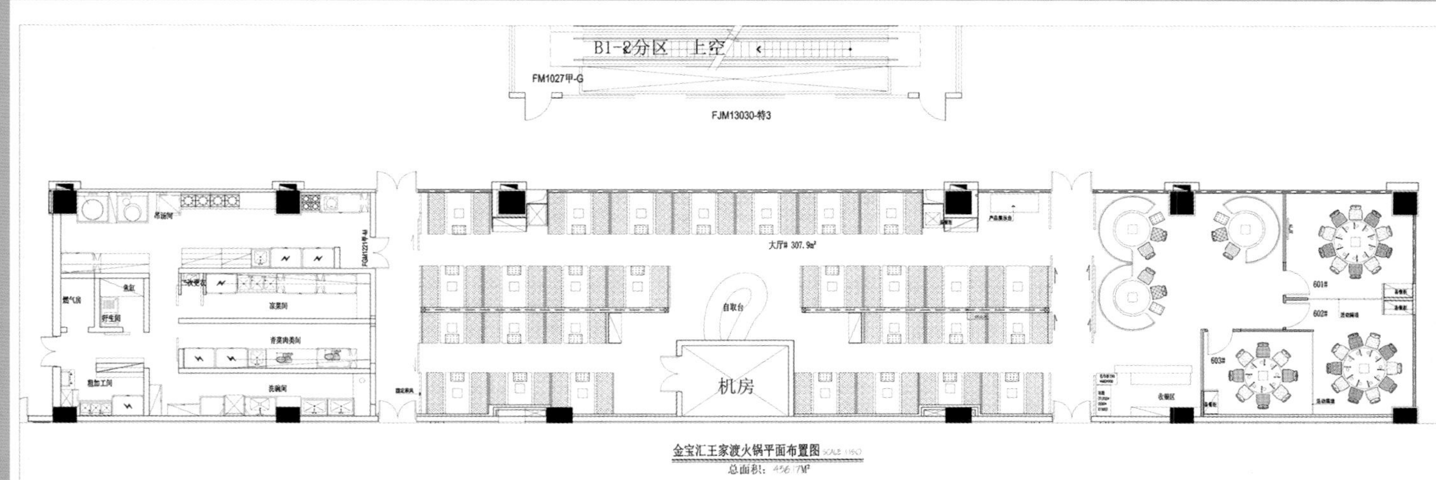

SUBWAY

设计公司：OFA 飞形
设计师：耿治国
项目面积：420 平方米
摄影师姓名：庄博钦

如何避开选址陷阱？（三）

选址是选餐厅未来的发展空间。选址的时候要看三个维度：过去、现在、未来。过去的状况是怎样的？对手在哪里？现在的机会在哪里？现在的困难是什么？有没有办法化解？未来的成长空间有多少？万一失败了有没有退路？选定前多想想，经营后才能少冒险。不论是选商圈，还是选街区，或是选位置，最重要的是要对这个环境和整个行业的发展趋势有一个明确的判断，如何抓住有效客户，如何满足他们的需求，以及他们的消费能力和行为习惯是否能和自家的品牌属性相匹配。事前的调研、规划、定位是未来经营推广的基石。

设计主题：编织都市女性的新 LUX 梦想
为新兴都市深圳的时髦新女性，创造新 LUX 餐饮空间；
激发她们的想象与梦想，带领她们体验新感性与新趣味；
以“荷”为灵感来源，取荷叶、荷花之形，拟波光粼粼之境，着新荷绿粉之色。
外立面：金色水纹珠宝盒
公共走廊：凌波隧道
针对原有空间 2.2 米的低矮层高施展空间策略：
将原来商场的公共走道纳入空间设计，成为超高吊顶隧道；
将原有的低矮空间区块化，以超高吊顶隧道串联连接；
曲线飞带裹覆隧道空间，垂坠圆盘晶片装饰与荷叶灯，营造波光粼粼的梦幻感，令人一见惊奇难忘。
A 区：水宫池
整面墙体运用水晶帘，似水流动；
圆盘装饰布满相对墙面，似水宫仙子淡浓相宜。

B 区：菡萏窟
整面手绘荷叶墙面，似石窟壁画。
C 区：泽芝池
超高吊顶隧道的空间延伸。曲线吊顶搭配晶片装饰垂坠，似波光粼粼的水面。
包房区：以“荷”、“莲”为名
15 人包房：青荷
10 人包房：绿荷、红莲
8 人包房：新荷、白莲
6 人包房：夏荷、秋荷
各包房吊顶、墙面均以“荷”为设计元素，或为手绘荷叶画、或为荷叶状暗纹。
洗手间
马赛克拼贴荷塘场景。

荷庭

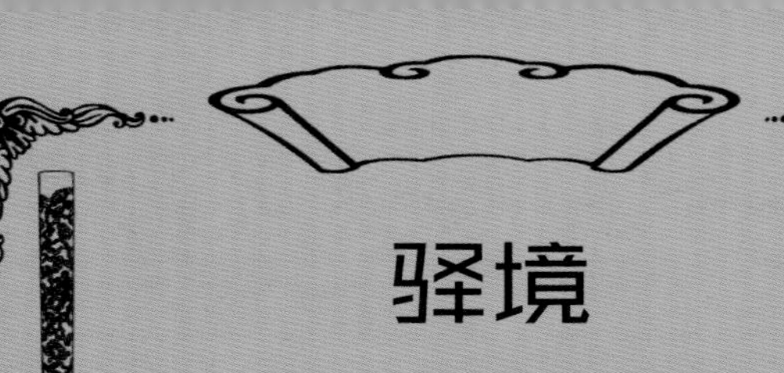

驿境

设计公司：香港大于空间陈杰设计组
设计师：陈杰
摄影师：周跃东
设计助理：林方静、陈武玉、林义福
软装设计：陈杰 、俞鹏举
项目性质：驿境文化精品酒店
项目面积：2000 平方米

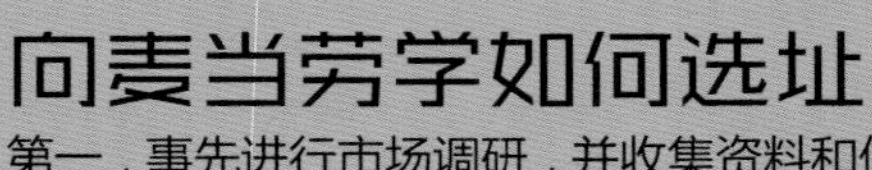

向麦当劳学如何选址

第一，事先进行市场调研，并收集资料和信息，内容包括人口、经济水平、收入水平、消费能力、发展规模和潜力，以及前期研究商圈的等级、发展机会和成长空间。

第二，对不同商圈中的物业进行包括人流测试、顾客能力对比、可见度、方便性的考量等等一系列的评估，在全面充分地了解了市场价格、面积划分、工程物业配套条件及权属性质等方面的情况之后，以此为基础进行营业额预估和财务分析，最终才能确定是否在该位置开设餐厅。

第三，投资商铺是一种在收获高回报的同时又伴随着高风险的策略，除了需要考虑投资回报水平之外，还需考虑未来长线发展，关注市场定位和价格水平，才能将投资风险置于可控范围内，同时达到预期收益。

肯德基的选址策略也与麦当劳相似：先进行商圈的划分，然后进行选择，确定聚客点，并尽最大的努力争取能够在聚客点开设连锁店。

建于公元前 221 年，位于安徽省南端的黟县是古徽州六县之一，更是徽商和徽文化的发祥地之一。本以为“黟县小桃源，烟霞百里间，地多灵草木，人尚古衣冠”，只会是初见黟县的印象，没想到在一座由老宅、新宅围合而成的驿境精品文化酒店里，亦能切实感受到诗中的意境。不仅如此，深入其境、切实体验之后，方能感受徽派建筑之美，且其已与当代雅致的生活融为一体，其更由去形取神的现代旅游度假生活方式真实演绎，让人流连忘返。

两座一百多年历史的老宅，朴素之中带着内向的性格。与秀里影视城为邻，默然屹于众多新旧徽派建筑群内。其于风雨飘摇之际被金麦克集团收入，金麦克集团聘请设计师陈杰设计、修缮、改造，与一座农民自建房和加建的仿古建筑围合成一座三进式院落。入口的古朴之中带着舒适娴静，低调中带着精致与优雅。在移步换景间，层楼叠院、高脊飞檐、曲径回廊的和谐组合，给人一种亲近自然的感觉又含有一种宜居、怡情、怡人的中式居所精髓。客观来说，这座代表了过去、现在、将来的酒店，原本建筑基底并非优越，只是现在城市的大拆大建，使得城市里的建筑文化传承渐渐失去希望，而仅剩的一点“种子”就在这个乡村之中。设计师与酒店主人想要让它继续发芽、成长，也反映了当下人们对传统最质朴的追念与渴望。

林间山间水间，一茶一座一友，这是很多人向往的生活。驿，置骑也。它是从古至今，由传统到当代的媒介，”驿境”由此得名。在黟县这个桃源文化之地，缺少的是文化的推行者与践行者，设计师希望在这栋前世、今生、未来的庭院之内，不局限设计、精品文化酒店、茶文化本身，而是立足于中国传统徽派建筑文化根基，使其成为重构当代生活美学与生活方式的实践者。在这里，茶文化就是空间的线索，贯穿于整个设计之中。在这里，每个人不仅能静心享受一杯茶的光阴，还能轻松进入冥想体验的境界，挥洒感知，与内心对话。它是一个休息之所，一个茶文化空间，更是一种生活方式的真实演绎。任凭进入者存在多种状态，随意切换，自行寻找最适合自己的答案……

当下的人们习惯从钢筋水泥的都市森林中来一次短暂的乡村“行走”，休闲度假正成为一种常态，渐渐地，酒店也变成一个旅游目的地。此次设计的驿境精品文化酒店，正是这样的目的地。在陈杰看来，村落本有自己的脉络，自然生发亦有自身的独到之处。设计之时，不应推翻重建，而应尊重农村原有的肌理，注入适合当下人们舒适生活的现代特性，让其自然地焕发、新生。在整体空间设计上，他打破了传统精品酒店的设计思维方式，将传统酒店前台改成酒吧吧台，将大堂空间改建成茶文化生活体验馆，以一种轻松、开放的姿态，迎来送往着来自五湖四海的人们。在空间交合之上，设计师从老宅的改造开始，逐步梳理出宅与宅之间的空间，分别设为茶文化体验生活馆、客房、餐厅等，将此改造为符合当代生活品质的精品文化酒店。整个空间格局规正，妙趣横生，古与新、内与外，明与暗，传统与现代冲撞对比，交相辉映，和谐共生。

这种做法在空间布局上，保留了老建筑中间挑高的部分，进入庭院后，宾客首先进入一个茶文化生活体验馆，弱化了传统酒店的固有模式，给人带来轻松、愉悦的空间体验。空间上注重公共的分享和动线的流畅，鼓励和创造环境让来这里的人们即使之前不认识也能容易地交流、交谈。在材料上，室内采用了实木、水泥、砖石、钢构楼梯等原始材料，力求简单、自然、纯粹。这些材料和原有的土坯墙相生相融，在给人厚重感之余，整体上又和谐统一。

驿境的空间设计细节中，设计师为了酒店的安全，新增了消防水龙头，客房中都配置了灭火器和报警烟感。家具配置上，设计师追求的是具当地特色的原木条、石臼，还有酒店主人收集的老家具，

与现代简约家具形成冲突之美。总的来说，在最大程度节省空间的同时，力求简洁，让空间透亮、清爽。在软装的挑选上，首先是茶主题元素的默默植入，身在空间的任一角落，都能感受浓烈的茶文化氛围。在装饰上力求接地气，首选采买当地蔬菜、鲜果，采集当地植被、鲜花，与那些明快的布艺相生相融，营造一种轻松、舒适和现代的氛围。

驿境中徽派建筑的古朴之韵得以完整保存。陈杰考虑到传统建筑木结构房屋大多阴暗，传统中式给人阴冷的感觉，于是在保持老建筑的主要立面外观不变的情况下，对次要立面的窗户进行了扩大，并在侧墙新增了窗户，窗户的尺寸比原来稍微扩大，以便更好地透光和通风，让室内阳光更充足。设计师巧妙利用空间多方采光，改变原始建筑的采光弊端，让光线自由出入于建筑之中，让其在朝夕之间自然变幻，通过交叠屋面，折射出各式各样的虚体光线，使空间变得更加灵动非凡。无论是庭院、餐厅，还是客房之中，由“光”将空间呈现，再经由埋伏好的“暗”增强空间厚度。投身酒店之中，好似观摩着一对孪生子，“光”与“暗”彼此勉励与竞争，在暗的挤压之下，光迸发出更强烈的力量，引人入胜，清新而干净，让人心情放松。陈杰在设计和建造中始终以尊重自然环境为重，改造中尽可能地保留或移植原有的树木，不随意砍伐。整个院落，由大大小小三个院落组合而成，将“山重水复疑无路，柳暗花明又一村”的境界展现得淋漓尽致。这里既有大庭院提供舒适的交谈空间，也有在餐厅前的小庭院里远看青山，近看天水的惬意私享空间。功能分区很清晰，利用传统回廊的设计衔接，使得栋与栋的联系也恰到好处，加上本身自然生成的院落，给人微型城堡的低调奢华之感。在前院与后院，设计师通过引入活水的设计围合出一池静态山水，人们可以随意入座于每个空间内，可观云雨、享阳光。在材料上，坚持使用原始材料，一些木门、土坯砖、青瓦、木板等都成为再循环利用的材料，避免使用对环境带来污染的人造材料。在这方寸之地，设计师用心思虑、考证研究，让徽派建筑的灰墙白瓦在这山水之间，映衬进室内之中，步步投射出其对二元对立的哲学的思考，并企图透过这样的氛围营造来观察世界的真相。

餐廳

榕意 16 号餐厅

建筑面积：1700 平方米
项目地址：郑州市商务内环与西一街
设计单位：YI&NIAN 壹念叁仟
主案设计：李战强
参与设计：李浩
主要用材：旧木、钢板、绿植

选址如何占据有利地形？

商圈选对，还要挑到好位置，以下是选出好位置的一些技巧：

1. 遵循“把口占角，占去路”的原则。“把口占角”指将店址选在十字路口的把角处，店铺能让更多路人看到，无形中能增加客流量。“占去路”指占据人流多的这一面。商业街也有阳面阴面之分，阳面人流量大，阴面人流量小，占据人流量大的一面更有利。
2. 在临近交通便利的地方开店。理想状态下的餐厅周边有轨道交通、公交车站点，还具有停车场。在车站枢纽附近，或者在顾客步行 20 分钟内的繁华街区开店，都能保持充足的客流量。
3. 社区开店。社区开店客流量相对稳定，但增长的空间有限，除非能吸引跨地段的消费者前来，否则社区客流量有限，餐厅的规模会受到制约。
4. 在名店旁边开店。如果餐厅开在著名的连锁店或品牌店附近，例如肯德基、麦当劳，这些品牌的选址就会很讲究，品牌本身也能吸引一定客流，如果自己餐厅的经营服务能与它们形成互补，也是一个不错的选择。

池塘边，榕树下，时间都去哪儿了？

设计从怀旧中求创新，混搭中求文化，尝试寻找一种属于中国基调混搭的时尚商业空间。部分材料采用拆迁旧木，重新清洗再组合搭配设计，还原一个普通材料从拆迁到旧货市场再到商业空间运用的生命价值体现。餐厅的设计理念是建立一个空间与人对话沟通的情感互动体验； 工艺运用红砖做旧和碎花布头组合对比，隔断采用算盘与旧钢结合，施工剩余的木板成为一棵装饰榕树；沙发组合围绕在"麦浪稻香"间；家具及美陈采用混搭处理手法调和空间轻松自由的就餐氛围……

时间都去哪了?

红伶

项目地点：澳门路凼城银河综合渡假城
设计师：陈幼坚（Alan Chan）
小阪竜 (Ryu Kosaka)

宴遇小课堂

餐厅选址不好还有得救吗？

餐厅选址不好并不是生意低迷的理由和借口。经营一家兴旺的店铺需要集多种要素的合力。味道是餐厅持久兴旺发展的核心。一个干净、整洁、舒心的用餐环境能让整个餐饮店加分，一套严格消毒的程序也能赢得顾客的好口碑。优质的服务可以提升餐厅好感度，著名的海底捞就是以服务出名，网上有无数的段子在流传。超高性价比能秒杀无数勤俭持家的吃货，让他们热情追寻。选址不好不是决定成败的必然因素。选址不够好的餐饮店，不妨在装修和装饰设计上多下点工夫，形成独特的气质和风格，当顾客穿街越巷发现这家店的时候能够眼前一亮，这也算是一种成功。有些风格别致的小店，体量不大，位置偏僻，但比地处闹市中的餐厅又多了一份闹中取静的安逸。建议商家在条件允许的情况下，设置一些小隔间，为想要享受这份安静的顾客提供一个好去处。而且正因为位置偏僻，所以成本上也能省下很大一块，这样一来在菜品定价方面也可以有很大的调整空间，如果能够保证大多数的菜品的价格在中等偏下，那在人均消费方面上就会显得性价比很高了。环境优雅、性价比又高的餐饮店想不被顾客喜欢也难啊。

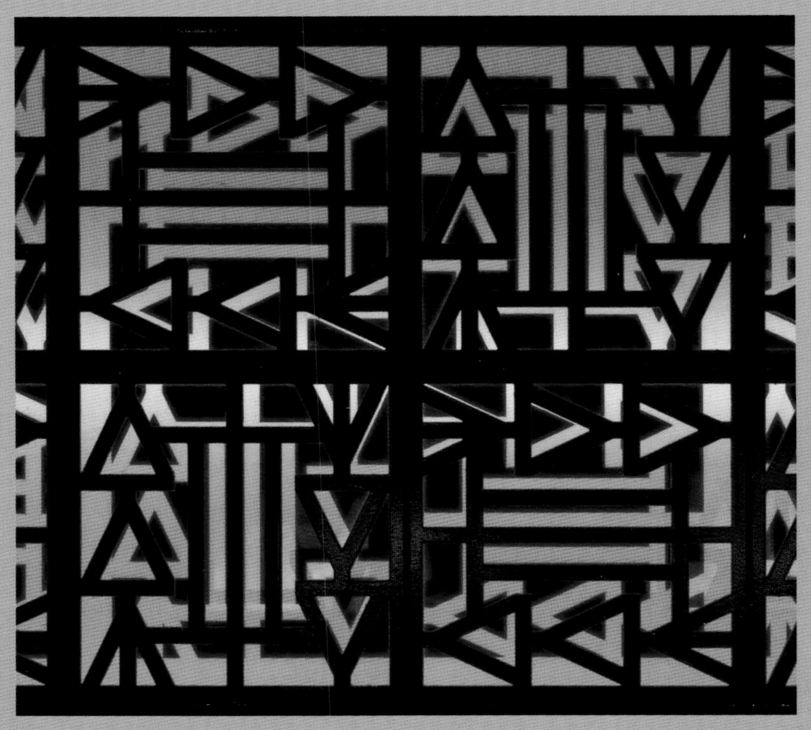

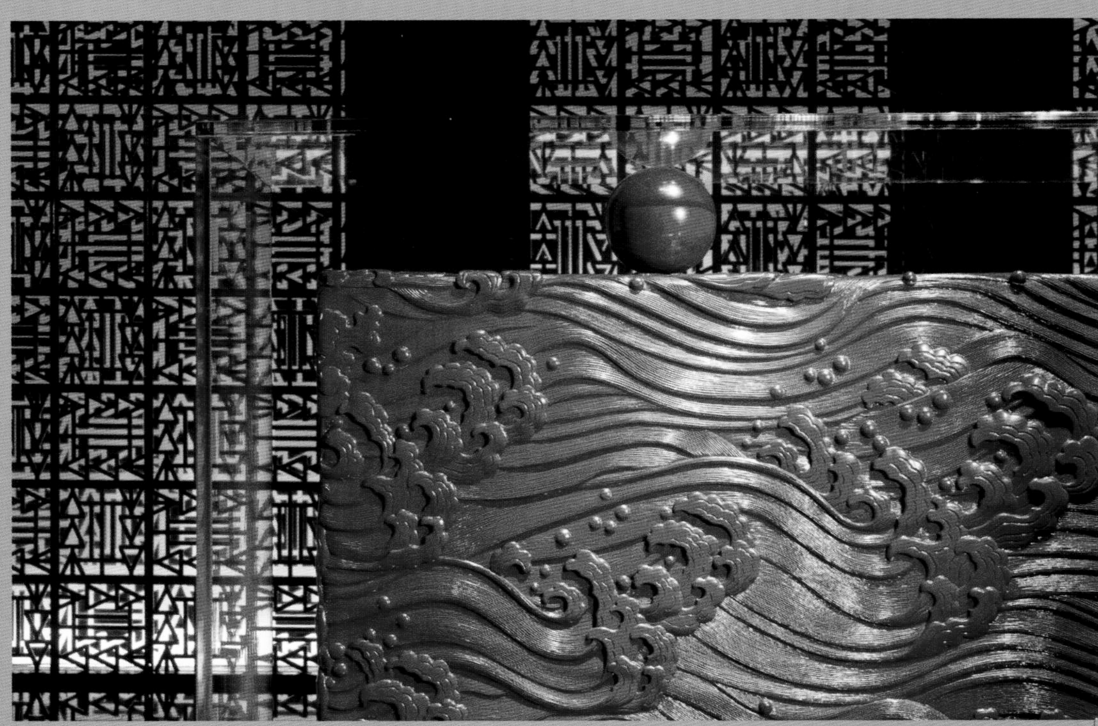

红伶（China Rouge）——顶级会员制私人会所，是由陈幼坚先生与 Aoyama Nomura Design 的室内设计师小阪竜 (Ryu Kosaka) 先生共同构思设计及演绎而成的，同时也是澳门银河最新、具震撼性杰作。

设计师为红伶构思的设计概念延续其跨界的风格，并以亚洲神韵为核心主题。上海辉煌时代的女性妩媚形象亦体现于红伶内多层次勾画女性美态的设计项目中，同时，室内设计到处流露着举世知名的画家暨设计师 Romain de Tirtoff 的韵味，亦对同一年代俄国出生的艺术大师 Erté 致了敬。

而红伶的红色标志亦令人联想起鲜明的女性形象，设计上亦注入了不少女性独有的美态的元素，令整个设计概念更引人遐思。陈幼坚表示：

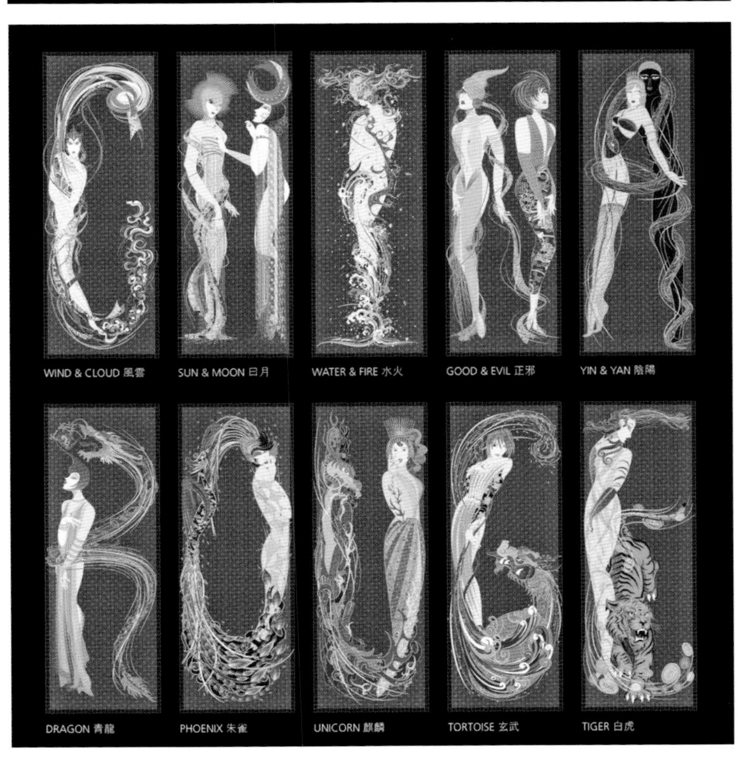

“构思表达东方美时，我第一时间便想到女人，要歌颂女性的美态。于是找来一些极具潜力的艺术家如卜桦、凌健、陈漫、郑路等为 '红伶 ' 创作独一无二的艺术珍品。你知道艺术家就算有钱也未必肯为你创作，但他们对我有认识和信任，所以便一口答应。”

红伶重塑了 20 世纪 30 年代上海的流金岁月，当时的装饰艺术风格逐成为设计概念的必然之选。设计师表示：那个年代的艺术风格鲜明强烈，对日后整个亚洲的设计风格产生深远影响；并认为自己好像化身为一位文化大使，透过充满浓厚中国特色及典故的红伶，令更多人细细品味丰富、宏大的中国历史。

陈幼坚先生表示，从设计草图至工程竣工，他整整花了一年时间打造。经过细心思量后，决定以 20 世纪 30 年代上海的装饰艺术风格作为主题。要以崭新并富时代感的手法重塑那时的气氛，对任何设计师来说都是一项难度极高的挑战。

红伶除了描摹上海的辉煌岁月，亦同时带给人欧洲文化中心——法国首都巴黎的曼妙回忆。1881 年，黑猫（Le Chat Noir）轻降于巴黎蒙马特，揭开了世界上第一家夜总会的序幕。她极致奢华，是艺术沙龙，也是令人陶醉的音乐厅。著名艺术家如杜鲁兹罗特列克 （Toulouse-Lautrec）、思想家、哲学家及名门望族等纷纷慕名而至。这里夜夜笙歌，台上台下的艳女郎跟绅士们上演了一幕又一幕梦幻交错的片段；编写了一个又一个纸醉金迷的故事。

红伶，凝聚、融合了商业、艺术、娱乐及设计的元素，是只有获邀贵宾方可一睹的神秘“国度”，亦是前卫破格的澳门全新夜生活的热点。她完全超越文化、时空界限，贵宾可尽情沉醉于这所艺术与娱乐共融、升华之醉人空间。

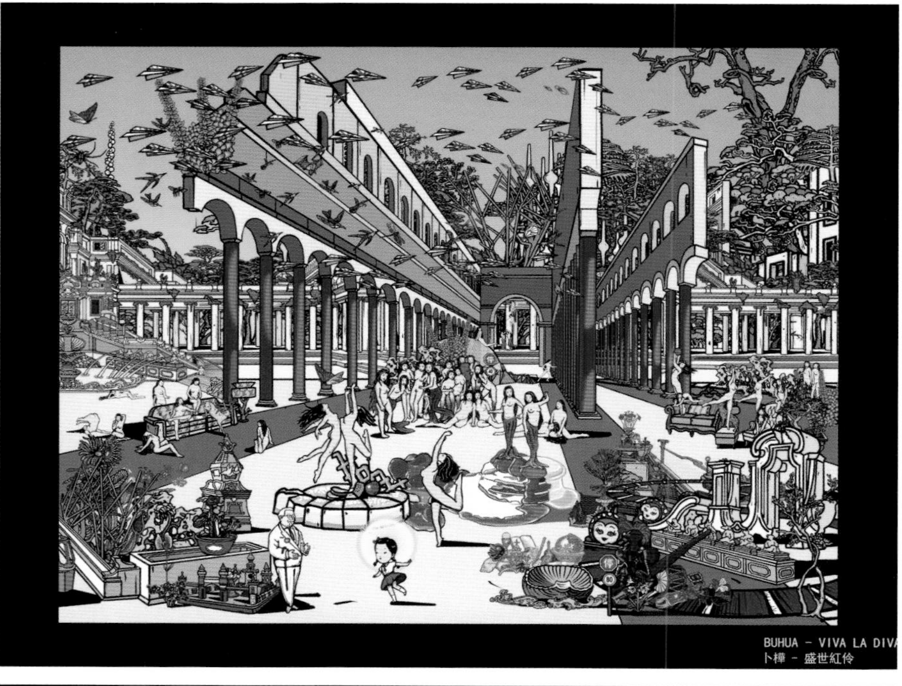

BUHUA - VIVA LA DIVA
卜樺 - 盛世紅伶

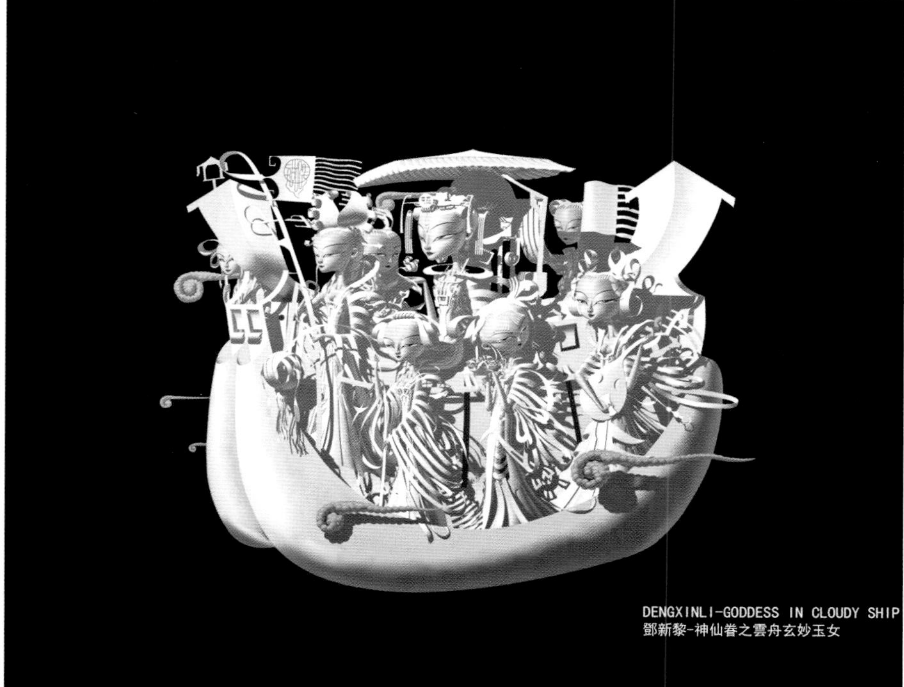

DENGXINLI-GODDESS IN CLOUDY SHIP
鄧新黎-神仙眷之雲舟玄妙玉女

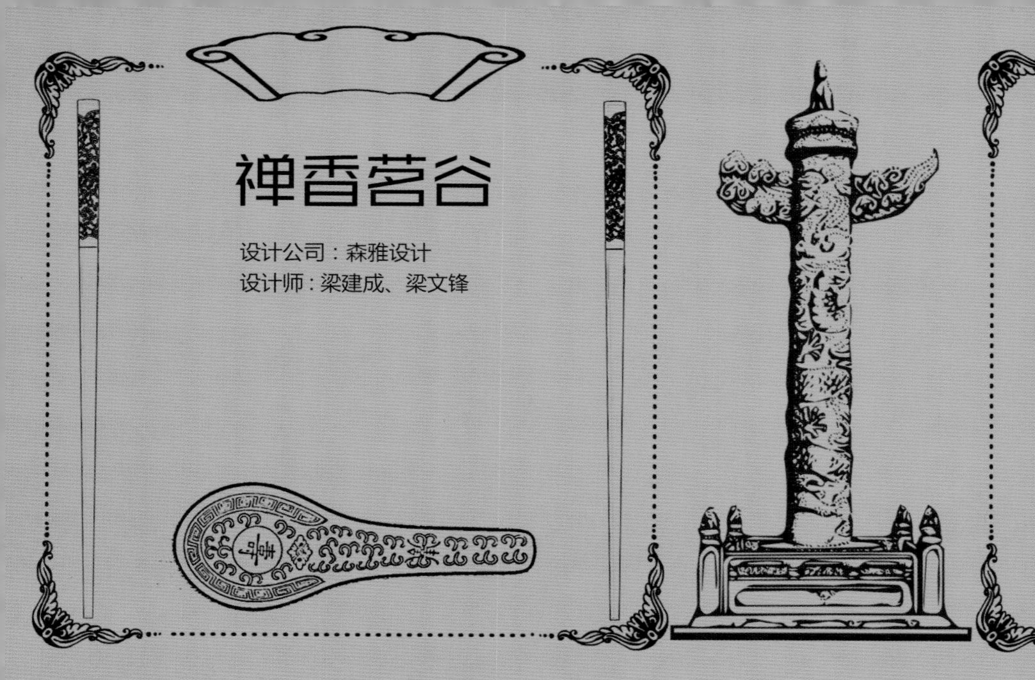

禅香茗谷

设计公司：森雅设计
设计师：梁建成、梁文锋

宴遇小课堂

开一家餐厅，经营者要做哪些工作？（一）

1. 调研市场：市场机会、竞争状况、目标客户群需求。

2. 制定策略：品牌定位、经营模式、资源整合、形象设计、制定目标。

3. 选址：商圈兴旺与否、人流状态、消费水平、规模大小、位置朝向、周边环境。

4. 方案设计：档次匹配，令人眼前一亮。

5. 装修布置：装修健康、安全，符合消防、卫生等国家法律法规要求，体现品牌特色，让人有好感。

6. 办证：各种相关证件必不可少。

7. 成本控制：要测算餐厅的运营状况，确定盈亏平衡点，制订可行性方案，规划餐饮经营模式，核算投资回收期。

禅香
茗茶

本案采用徽派建筑及徽商语言中“四水归堂”的说法，汇聚人气、财富。主入口、两侧次入口处分别设计装饰水景，东面 VIP 房亦着意增添寓意为“水”的佛家禅意元素，形成四水归集一堂，聚贤聚财。

大堂中心线上设计一组十几米长聚贤实木长桌，将主入口、南北两侧及东侧 VIP 房所形成的四边围合空间抬高，中心大堂形成下沉布局。中间厅堂，两侧厢房，在现有建筑空间基础上纵横组合。

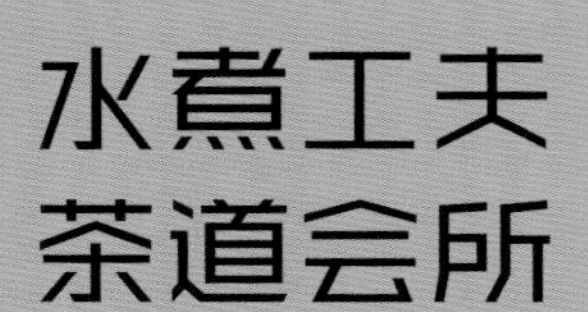

水煮工夫茶道会所

设计师：曾昊

开一家餐厅，经营者，要做哪些工作？（二）

8. 人员招聘、管理：餐饮业人员流动比较频繁，人员招聘、管理时要做到抓住核心人才、改善工作环境、强化责任意识、提升晋升机会、制定有效的激励制度、培养储备人才。一家企业必须做到职责明确、岗位分清、制度合理、奖罚分明。推行“傻瓜式管理”，杜绝任人唯亲、随意赏罚的“不规范管理”。

9. 食材管理：保证日常所需各种食材供应稳定，除了食材之外的各种其他工具、陈设等，也都要通过完善的管理体系，建立管理机制，确保入库原、辅材料和其他物品，保质、足量、低价。

10. 品质管理，产品研发：目标要清晰、环节可追溯、责任到个人、验收有标准。保持创新力，不断推陈出新，保持活力。

11. 营销推广：推广有目的、投入有回报、方案可执行、手法常创新、渠道多样化、成本可控制、效果可量化。

本案位于福建省宁德市东侨区，原址为办公空间。

应业主要求，全场分为两个功能区，茶艺休闲区和就餐接待区。场内大量设计中式回廊，使得各个功能区之间在相对独立的基础上相互呼应、有机融合，并为来宾在内场走动路线上起到客观引导的作用。借用中国传统手法上的水榭楼阁、窗花月洞、斗拱凿井、流水连廊等各式形态，使整体空间所呈现的气质成功规避了浮躁、奢华，代之以轻柔、儒雅、别致的大家之气。

为迎合人居环境低碳、环保的设计理念，本案在材料的选用上选择了经济而环保的杉木原材、天然花岗岩、陶土砖、原生木蜡油等，让空间纯朴自然，浑然天成而不失端庄优雅。

在色彩上以材料本色为主导色，配以传统的朱红廊柱、彩绘画梁、成功再现了浓浓的东方气息。

同兴和茶坊

策划设计师：周少瑜
设计公司：福建唐玛空间设计顾问有限公司
项目地点：浙江永康
项目主材：青砖、瓷砖、水曲柳面板、原木、壁纸、玻璃、管材等

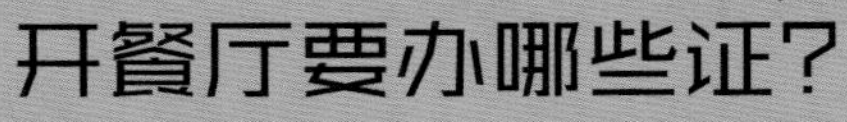

开餐厅要办哪些证？

想要开餐厅的话办理证件是最最关键的环节，没有证件，把店装修得像皇宫一样也没办法正常开店经营。想要开店的话，所需的证件是相当多而且办证手续很烦琐的，一个证也不能少，需要拿到：卫生防疫部门、消防部门、环保部门、工商局、税务局、城建检查、广告等等 N 个部门所颁发的许可证，只要有一个证件没拿齐，那后面的麻烦就不仅仅是罚款那么简单的事情了。一般开业前需办齐如下证件（如果经营范围特殊还需特许经营许可证）：

工商部门领取名称预先核准通知书

卫生防疫部门（或者食品药品监督管理局）申办餐饮服务许可证

消防局申报办理消防检查合格意见书

地税、国税部门申办税务登记证

环保局办理排污许可证

资料齐备后到工商部门办理工商营业执照

本案占地 10 亩，位于浙江永康市小漓江旁，原为几栋破旧的小厂房，与业主沟通后，在不拆原建筑的情况下进行设计改造。

设计中：室内传承了中国元素及手法，融入了东方风格的元素。室外园林用传统手法打造江南这种曲径通幽、小桥流水人家的环境氛围。建筑上依循建筑与自然融合的原则，充分利用了风、绿荫、阳光，让人与自然和谐互动。

同兴和茶坊

同兴和茶坊

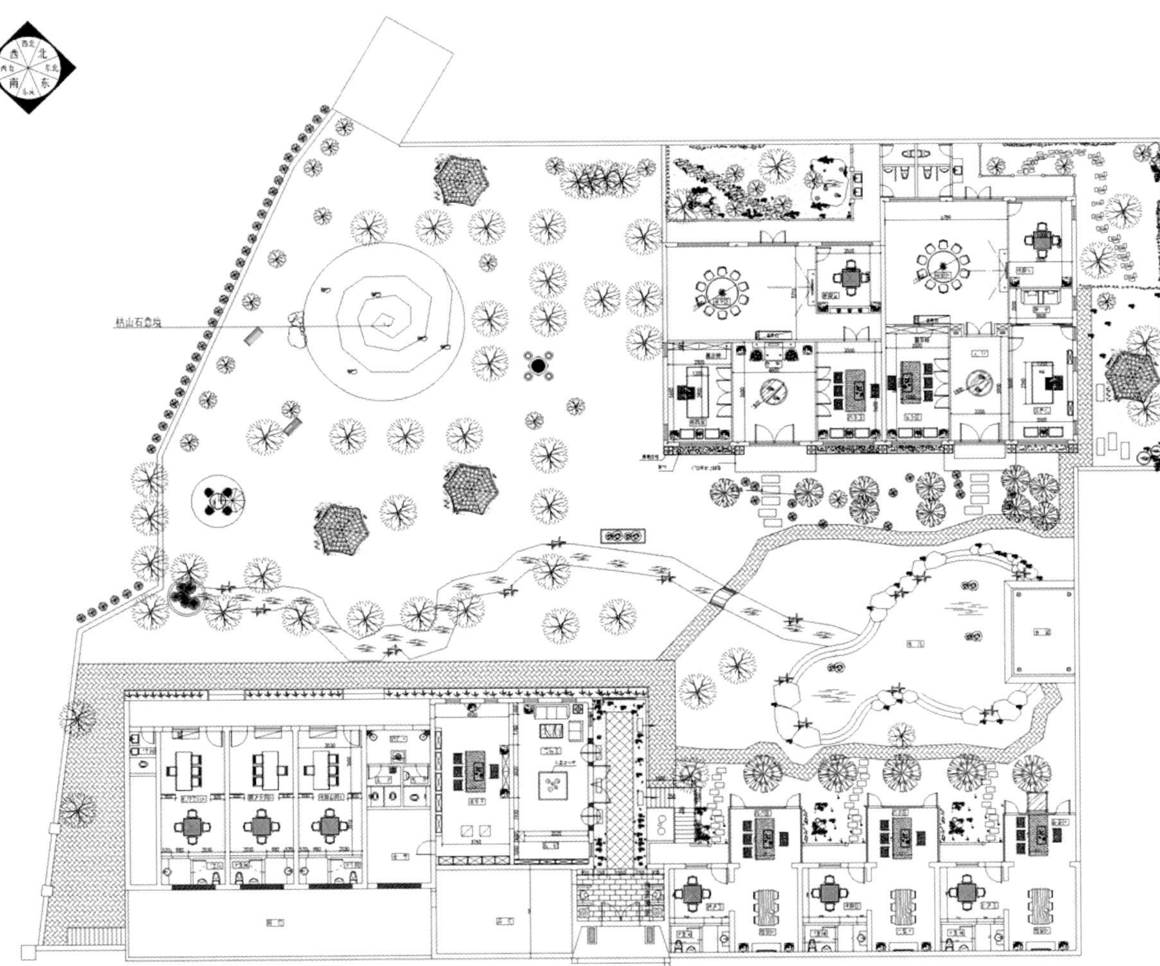

杭州花隐怀石料理

设计公司：赛维极设计工作室
www.savage-design.com.cn
主案设计师：沟胁毅
助理：何凯、陆俊
摄影师：贾方

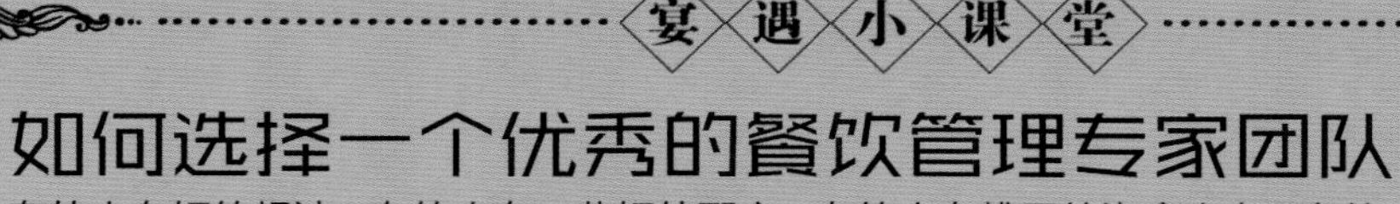

如何选择一个优秀的餐饮管理专家团队

有的人有好的想法，有的人有一些好的配方，有的人有雄厚的资金实力，有的人有特别的社会资源，有的人是兴趣所在。开一家兴旺的餐厅靠单个人的优势是不够的，自己没有能力做全面策划时，可以请一个优秀的餐饮管理专家团队来帮忙，如何评判这个团队是否合适，可以从以下方面着手：

1. 看团队的过往业绩。
2. 听团队策划的成功案例。
3. 听团队分析市场成败经验。
4. 看团队人才构成，有没有以下人才：餐饮管理专家、餐饮研发专家、餐饮经营专家、餐饮服务专家、餐饮财务专家、餐饮人力资源专家和餐饮厨政专家等。
5. 看团队提供服务内容、服务验收标准。
6. 对比团队的收费水平和方式。

怀石料理，源于禅宗，盛唐期间传至日本。原本是修行僧人清心打坐修禅，怀揣石头，以期有美食的饱足感，后在禅道基础上演变成宫廷贵族精致的料理，因讲究新鲜上等食材，精美别致的食器而著称。以花道佐餐的花隐日式怀石料理，成为轻奢日式怀石料理的代表。

王品集团旗下的花隐日式怀石料理被誉为“日料中的殿堂制作”，它倡导“一期一会”的真挚感情。“一期一会”是日语中一句极富禅意的话，“一期”表示人的一生，“一会”则代表每一次相会，“一期一会”就是把每一次相会都当作人生中唯一的一次会面来珍惜，每时每刻都要尽心招待客人，不可有半点马虎。花隐怀石料理正是怀着这样的心情，把每位客人都当作是“一期一会”的客人，不仅在食物的追求上是这样，在餐厅环境的装饰上也是这样，通过富有禅意的装饰艺术呈现出来，不让人留下遗憾。

花隐日式怀石料理融合了怀石文化中的茶艺、花艺、陶艺和厨艺，具体地体现了纯粹的怀石料理文化。整套餐点以餐前茶、沙拉、刺身、珍馔、主餐、抹茶道、和风主食、甜点、饮料等依次给客人呈上，优雅、从容地款待每位客人。

本案是位于杭州的花隐日式怀石料理店，秉承“花隐”一贯的设计宗旨，以飘零的花为主线，通过原始、古朴、自然的材质营造出充满日式禅意的清雅情景，以景入情，让餐厅不仅停留在美的层面，更具有悠远的意境，帮助人们回归平静的内心世界，悠闲地享受时光的自由与美好。

一进入“花隐”怀石料理餐厅，店如其名，放眼望去，全部都是花的元素，处方寸间，仿若置身于花海之中。墙壁上，间隔屏风上，餐椅上，处处装饰的都是花元素的影子。餐厅设计拒绝豪华奢侈、金碧辉煌，以淡雅节制的中性色调表达深邃的禅意境界，光影从四面落下，与粗犷的石质、质朴的木材、通透的玻璃，交融出一股静谧的气息，柔和的自然光蔓延其中，让东方禅的平和与沉静自然而然地濡染一室，古朴醇厚。

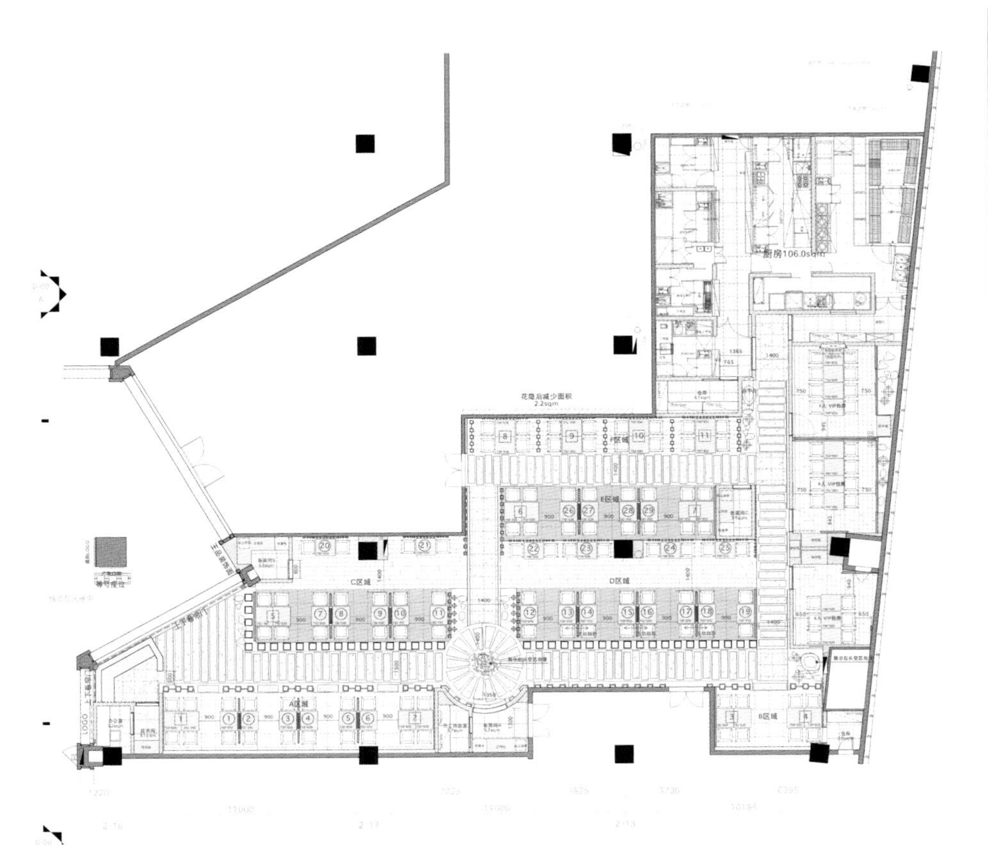
厨房106.0sqm
花池后减少面积
2.2sqm
F区域
E区域
D区域
C区域
B区域

花隐怀石料理上海南丰城店

设计公司：赛维极设计工作室
www.savage-design.com.cn
主案设计师：沟肋毅
助理：何凯、陆俊
摄影：Nacasa&Partners

餐饮品牌策划的具体内容包含哪些？

1. 餐厅选址。业界常有“选址决定成败”的说法，选址不只是地段，还有商圈是否兴旺，周边消费群、交通、竞争状况，消费者习惯等因素，选准了才下手，不确定时宁可再等等。

2. 品牌定位。在深入市场的前提下，作出精准的餐饮品牌定位。

3. 餐饮主题。深入挖掘餐厅文化内涵，量身定制出属于餐厅自己的个性主题。

4. 空间设计。根据餐厅的定位和主题，作出相应的装修设计，作为点睛之笔，进一步烘托餐厅主题。

5. 商业模式。测算餐饮企业的运营状况，确定盈亏平衡点，以便制订可行性方案；规划餐饮经营模式，核算投资回收期。

6. 餐饮包装。根据企业的经营模式和技术实力，设计产品特色、品种数量、价格策略和展示方法，保持企业的竞争力、产品力和足够的盈利水平。

7. 推广营销。餐饮品牌策划推广，把整合好的餐厅品牌投向市场，打开知名度。

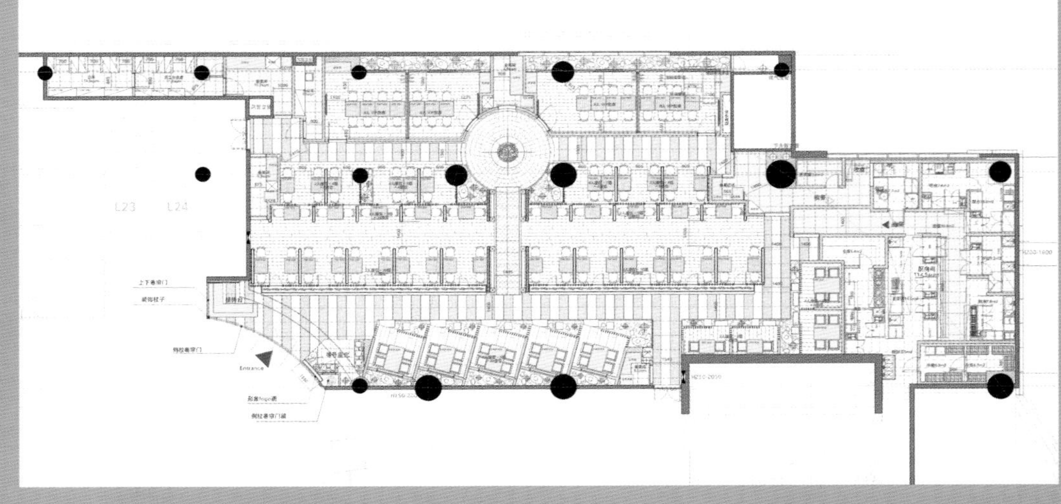

花隐南丰城店坐落于虹桥南丰城 5F，是王品集团在中国内地的第 100 家店铺。

花隐作为一家轻奢的日本怀石料理店，提供的菜品以“花道”为主题，在菜品中通过各种方式表现出日式“花道”的意境，给客人视觉与味觉的双重享受。而本店的设计理念也由此而来，摒弃一切故弄玄虚与华而不实，专注于“花道与花隐”本身。

“花隐”二字简单引申开来，就是藏起来的花。因此，在整个店铺的空间构成中，我们可以看到店铺各处的“花”，时而一目了然，时而若隐若现，时而簇拥成锦，时而低调质朴，整个店铺空间舒缓有致，花之长廊、樱吹雪等亮点设计充满视觉冲击力，在给人留下深刻印象的同时，又不至于太过夸张，通过现代的表现手法体现了“花隐”品牌本身的日式禅意，这是整体设计中比较值得称道的地方。

“花道”为商品概念，日式花道的特点在于“极简之美”“不经意的美”“富有意境的美”，花隐店铺在提供的菜品中充分表现出了这一特质。所以，设计师在店铺设计中，也希望通过对“花”这个元素各式各样的表现形式，比如花瓣的繁复与简约，动与静，轻与重的相互交错结合，呼应“花道”主题，最大程度地与店铺商品结合起来。

在店铺设计中，店铺空间环境并不独立存在，而是与店铺商品、店铺运营等息息相关。王品集团发展至今，积累了丰富的运营与服务经验，店铺功能一切以客人感受为最优先标准，因此，设计师在平面功能布局阶段，也是以便于为客人提供最优良服务为基准进行设计的。同时，空间设计则结合店铺本身的空间结构及所在地的地域特征，以及当地顾客的消费习惯，有针对性地进行调整。比如杭州店与上海南丰城店，都是以“花”为主题，而表现方式略有不同。其他的花隐店铺也是如此。顾客若是在餐后品一杯香茗时，不经意发现身边某处藏起来的一朵“花”，然后会心一笑，那真是再好不过了。

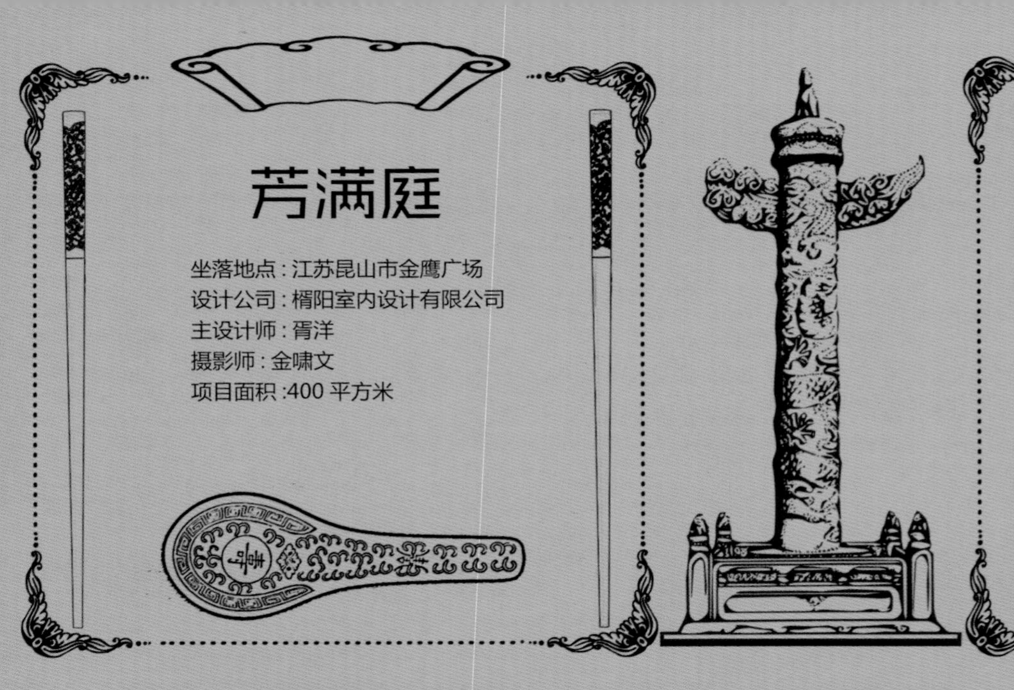

芳满庭

坐落地点：江苏昆山市金鹰广场
设计公司：樗阳室内设计有限公司
主设计师：胥洋
摄影师：金啸文
项目面积：400 平方米

宴遇小课堂

餐饮空间分隔的方法有哪些？

分隔除了确立了各个功能分区外，还能为客人提供隐蔽的私人空间。根据餐饮店空间繁简程度的不同，或是空间高低大小的不同，是能够演变出各种各样的分隔变化的。

在档次较为高端一些的餐饮店，可利用软隔断对空间进行分隔，诸如帷幔或是折叠垂吊帘等都属于这个范畴。

如果想要把餐饮店变得具有传统文化特色一点的话，可以使用花窗墙或是屏风式博古架一类的通透隔断。

利用矮墙来作为分隔空间的手段，有两点好处：身处其中的顾客能够感受到一定程度上受到了保护，又能感受到这个餐饮空间的共融性。

利用装饰物分隔的做法，不仅可以达到通透隔断的效果，而且还不会阻挡住人们的视线，同时也能达到让空间层次丰富起来的效果。

现在开始流行利用植物进行分隔，植物或悬吊、或摆放在架子上，或落地式的植物盆栽，都给餐厅带来绿色、生机、环保的感觉。

在中国源远流长的建筑史中，红色是一种亘古的情怀与信仰。《礼记》有记载：“天子丹、诸侯黝、大夫苍、士桩趁”，其中“丹”就是红色。可以说，红色代表着尊贵、吉祥、喜气、热烈、奔放与激情——世人称之为“中国红”。

本案的芳满庭粤菜连锁店位于昆山市开发区金鹰国际购物中心，主营新派粤菜与潮汕粥品。商场餐厅林立，行人熙熙攘攘，如何让本案从千篇一律的 LOFT 中脱颖而出是设计师需要考虑的问题。首先是空间的定位，设计师希望在以往的餐厅设计经验中增加一些大胆的尝试，提升本案的视觉表现力，从而起到吸引顾客的最终效果。

那么，色彩无疑是最佳的利用手段，它是室内设计的灵魂。设计师美术科班出身，对色彩有着科学理性的分析和诠释，他经过细致思考，决定选用红色作为空间视觉的主题。这多少有些冒险，因为红色是相当难驾驭的一种颜色，尤其应用在餐饮空间中，轻则虚浮，重则流俗。

然而正如国际汽车设计大师乔治·亚罗所说：“设计的内涵就是文化”，我们不能因噎废食。在设计师看来，红色可以体现中国人特有的文化观念，反映中国人特有的审美倾向，通过红色，可以向消费者传达出喜庆、欢乐、明媚、和谐的情感，在前期，大面积的红色吊顶带来了极具视觉张力的同时，也显现出一些压抑与生硬，设计师为了平衡红色的嚣艳感，用木色纹理墙、木色做旧餐桌、绿色植物墙和白色隔断对整体色彩进行了中和与深化，以冲淡红色的喷薄感，并衍生出空间的层次与虚实，这也是这次设计的魅力之所在。

层次感要求一个空间不能淡如白水，平寡无趣；也不能浓如烈酒，过分渲染。它应该如一杯茶，汤浓嗅远，初时满口生香，过后余味留齿，可细品之；而虚实感，则是为了寻求一种对比关系。正是因为有了层次和虚实，空间才有了变化和美感。

此外，隔断的应用不失为本案的一大亮点。空间讲究“隔而不离”，一个开放的空间除了要有层次表现与虚无对比，还要隐密、舒适，既让人“看见“，又让人”看不见“。

本案中，木色纹理墙体现出“春生之性”，具有抚慰的力量；白色隔断简洁、朦胧，与木色搭配颇显深意；绿色植物墙则带来一室生机。每一个隔断背后，都让人充满想象，隐藏着若有若无的神秘，你要走近了，才能一窥究竟。眼前，这烛影摇红，满堂华彩，既是设计师对空间的尊重与演绎，也是对曾经飞红流翠的年代的追忆与感怀。

旺角寿司

设计单位：广州市名典装饰工程有限公司
设计师：吴俊
建筑面积：375 平方米
主要用材：拉丝黄铜、水泥漆、钨钢、墙布、木饰面、古木纹石、铁通焗黑漆、黑石

主题餐厅的风格分类有哪些？

人有多少种性格就有多少种追求，餐厅的主题风格要在一定人群的基础上满足这种需求，主题餐厅要有自己的个性，也要具有文化性、可传播性。餐厅的风格形式多种多样：东方的、西方的、本土的、异国的、传统的、现代的、质朴的、高科技的、温暖的、酷炫的、手工式的、工业化的、小说的、电影的、休闲的、探险的、萌化的、腹黑的等等，不一而足，出现什么样的主题创意方向都有可能。

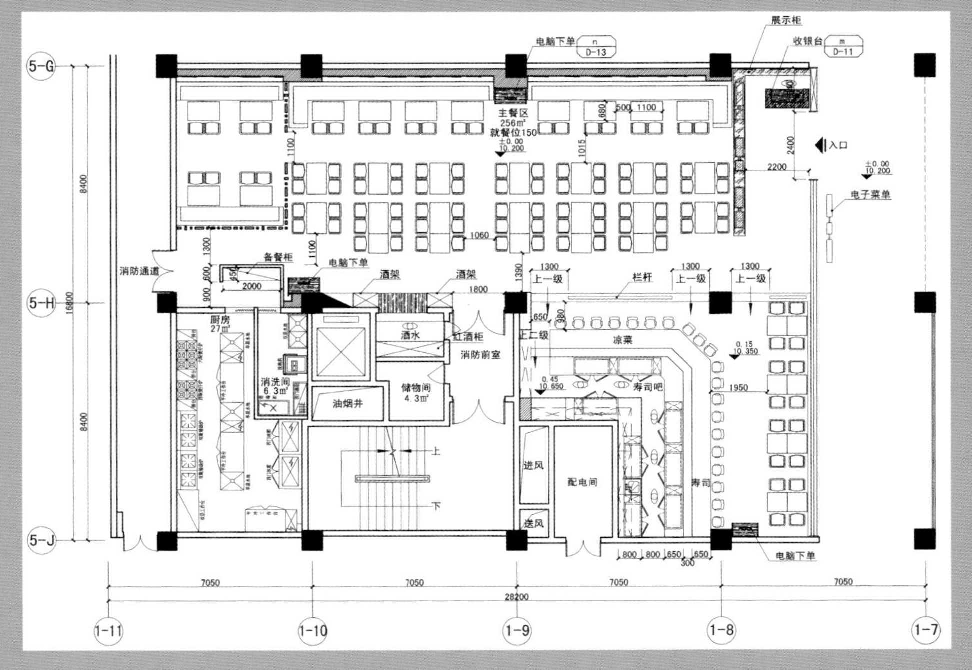

本案木饰面与钨钢的碰撞，产生出一种刚柔并存之感。通花和墙面涂鸦灵感来自于日本刺青潮流。暴露的吊顶的粗放衬托出装饰的精致之美，鱼群吊饰带出了餐厅动线。一整面的落地清酒酒柜墙述说着悠久的日本酒文化。该餐厅没有奢华的浮躁，只有木质感所带给人的舒适，这是整个空间带给人最深刻的印象。

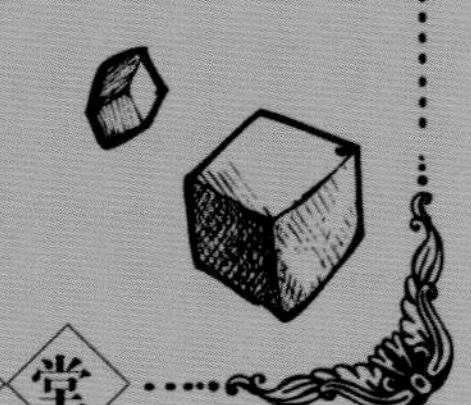

RESTA RANT

陈列展示柜

INHABITANS
GREA
star
TO THE DA

时尚
华彩
Colorful
Fashion

瑞士乐格兰德贝尔维尤酒店

资料提供：Le Grands Bellevue

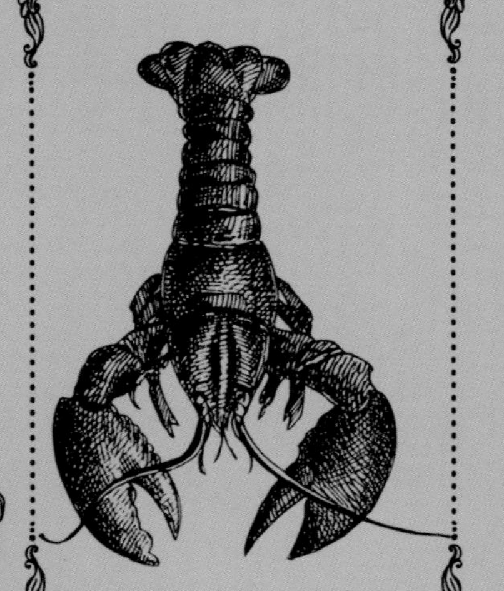

宴遇小课堂

餐饮空间设计的核心是什么？

设计的核心是为了能够满足顾客及餐厅工作人员的需求，并实现价值的增值。每一位顾客都需要一定的活动空间，而作为餐厅的工作人员，由于工作需要，比如厨房、仓库或是送餐等等，餐厅中不同的职能空间都需要得到精心的安排，一切的目的都是为了方便顾客和餐厅的工作人员。同时也不能忘了保证消防通道的畅通。将一切可能进行排列组合得出最佳的方案，将整个空间高效地利用起来，让寸土寸金的空间发挥最大效用。此外，还需将设备与建材都考虑其中，毕竟空间是有限的，我们不可能毫无限制，还需使设备与整个空间有机地结合起来，同时亦能够完全满足餐厅日常运营所需。增值还应体现在提高舒适度、良好的体验性，以及形成个性化的品牌形象上，让客人满意并乐于传播。

Le Grands Bellevue 位于瑞士阿尔卑斯山地区田园牧歌般迷人的山城格斯塔德，是一幢 20 世纪初期的建筑物，内部采用现代主义风格装饰。这座有着 100 年历史的酒店，在重新翻新后再次开业，古老又年轻，57 间焕然一新的客房，糅合了豪华摩登与古典优雅的设计风格，吸引了很多追求时尚的客人入住。酒店设有时尚的 Lonard's 餐厅并曾荣获米其林一颗星和 Gault Millau 14 分的荣誉。酒店的客人可以在专属的健康中心休闲、放松，亦可在内部私人电影院放松身心。

酒店装饰艺术风格的 The Bar 酒吧，内饰时尚，晚间提供各类鸡尾酒、饮品和现场钢琴演奏。Lonard's Cellar 酒窖储藏有 9000 多瓶来自世界各地的葡萄酒。典雅的 Le Grand Spa 中心（面积为 2500 平方米）提供免费服务，设有室内游泳池、热水浴池、生态桑拿浴室、土耳其蒸汽浴室、喜马拉雅盐室和冰洞穴。

Leonardo da Vinci

THE WOMAN UPSTAIRS
CLAIRE MESSUD
THE CHESSMEN
KATE MORTON
Ashenden
BRING UP THE BODIES
HILARY MANTEL
MEYER
JAMES PATTERSON
ALEX CROSS, RUN
IAN RANKIN
Nora Roberts
J.D. ROBB
CELEBRITY IN DEATH
NORA ROBERTS

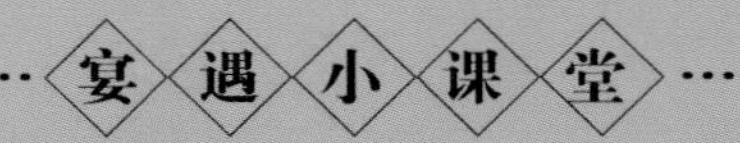

蓝杯咖啡

位置：基辅
设计公司：Kley Design
设计：Yova Yager
面积：60 平方米

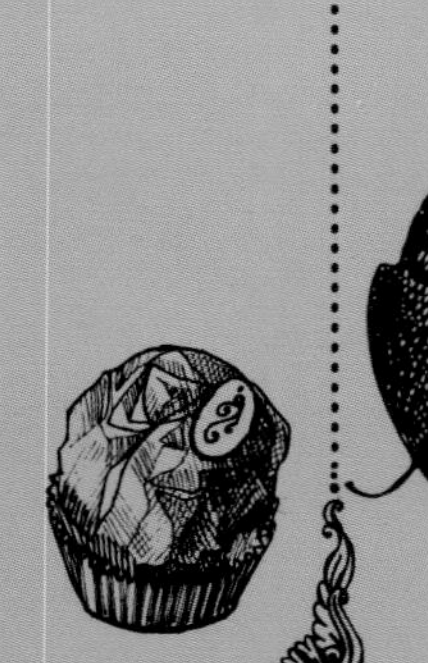

从哪些方面包装一个主题风格餐厅？

主题餐厅所有的一切都要充分围绕一个鲜明的主题展开，让顾客从进门的那一刻起，直至用餐完毕离开都始终沉浸在这个主题当中，像小说般，有铺陈，有高潮，有落幕和收尾，让读者能够清楚明白作者想要表达的内涵。主题性体现在各个环节当中，从环境、空间、装饰、座位、菜谱、装置、菜品、硬件、VI 系统、服务，甚至语言和行为，以及微营销的传播活动、视频图形、文案表述等，所有已知的环节都可以围绕主题做文章，甚至没有条件创造条件也要有，营造出与众不同的主题形象。

2015 年秋天，“蓝杯咖啡”重出江湖。焕然一新的空间，面积比先前大了一些。除了必须的整改，先前的概念仍得以继承，整个空间也因此多了一份别致的韵味。两个典型的乌克兰女孩，创意地联袂执导室内设计。动植物的形象运用于各处，典型《乌克兰红本书》（The Red Book of Ukraine）的手笔。设计以天下为己任，以作品质疑乌克兰国土上非法灭绝动植物的问题。同时，设计借助于本土艺术，以求有识之士之认同、合作。

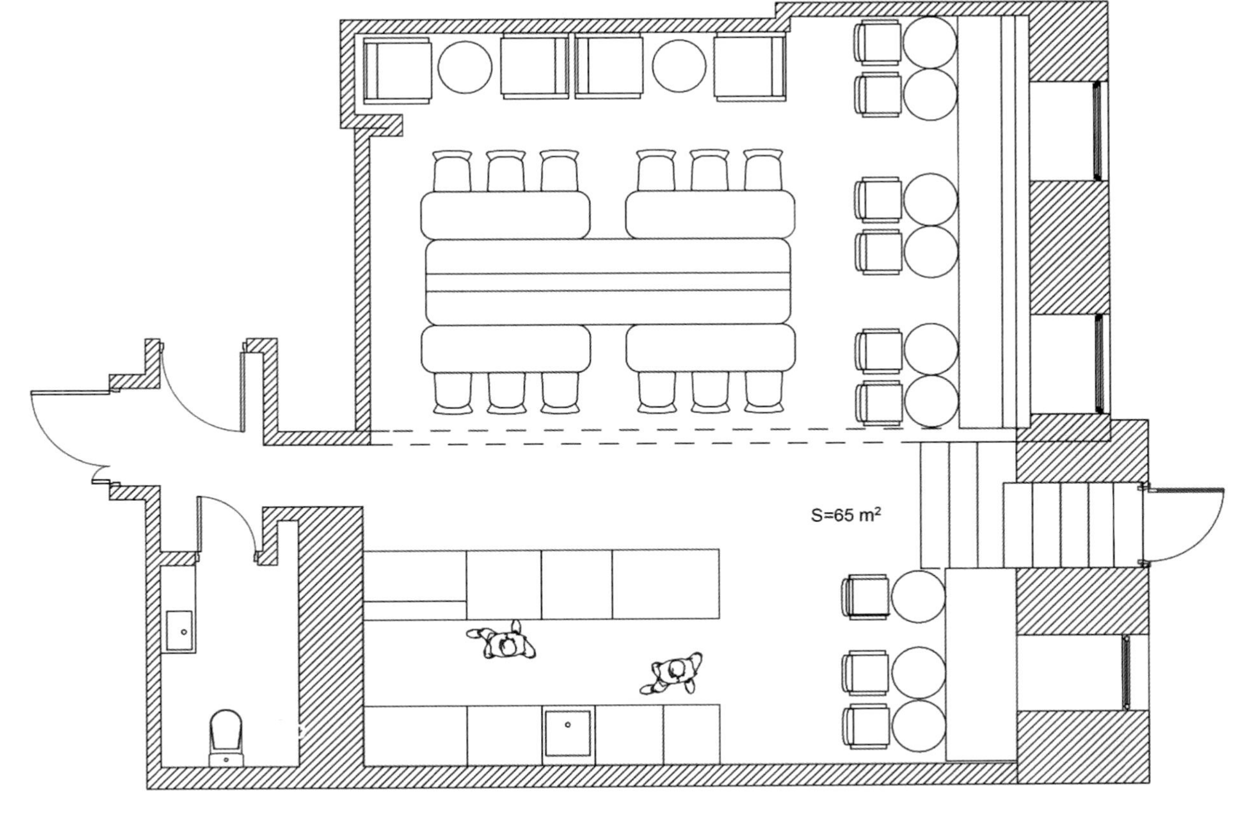

遇见你火锅店

设计公司：北京王凤波装饰设计机构
设计师：王凤波

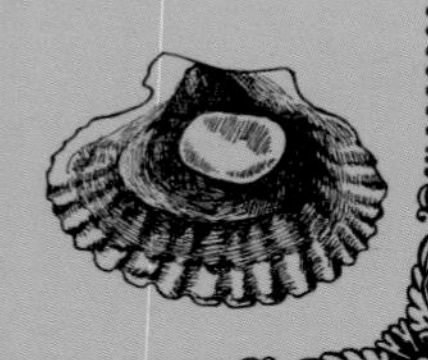

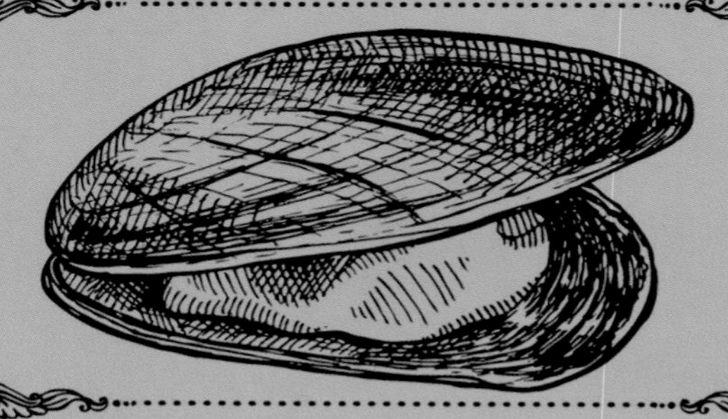

主题餐厅包装需要做哪些配套服务支持？

1. 主题创意：市场研究、项目主题创意、主题元素创意。

2. 产品设计：菜品口味设计、摆盘设计、包装设计、衍生产品设计。

3. 主题设计：CIS 系统设计、店招系统设计、店内视觉图形创意设计、店员形象设计、服务项目设计、微营销工具界面设计。

4. 空间设计：绿化空间、门面设计、就餐空间设计。

这是个艺术的沙龙，也是个色彩的王国，还是个童话的世界。无国界的色彩梦境，销售中国本土特色的火锅，实在个疯狂的主意，但是它很炫。在空间布局上，设计师做到了物尽其用，收银台和小酒吧一起，布局简单合理，更加凸显了它的功能性！用极其抢眼的斑马做吧台背景，搭配一些装饰画等，更加具有波普风的味道！

通过加建二层和下挖地面的方式，设计师在有限的空间里，增加了个包间，既增加了餐位又使空间富于变化。

为了配合经营的需要，设计师在一层大厅中还设置了一个小舞台，平常可以举办一些小型演出，或者供公司在这里举办聚餐等集体活动。

空间格局界定好后，色彩成为空间最炫的女王。波普风格的人物头像，色彩绚丽的沙发坐椅，都具有强烈的感染力，极具个性，特别受年轻消费者的喜欢！

整个包间都有着明朗的色彩，带给人一种幽默与快乐，演绎着新一轮的时尚主题。各种各样奇形怪状的造型、千奇百怪的质地、极度特别的图案设计不仅令所有的人眼前一亮，更重要的是告别了审美疲劳。

北京王凰波装饰設計機構
BEIJING WANG FENGBO DECORATION DESIGN STUDIO

北京王凰波装饰設計機構

PARIS
北京王鳳波装饰設計機構
BEIJING WANG FENGBO DECORATION DESIGN STUDIO

北京王鳳波装饰設計機構
BEIJING WANG FENGBO DECORATION DESIGN STUDIO

PARIS
HIGH
HONOR
CENTURY
北京王鳳波装饰設計機構
BEIJING WANG FENGBO DECORATION DESIGN STUDIO

HIGH BAR
北京王鳳波装饰設計機構
BEIJING WANG FENGBO DECORATION DESIGN STUDIO

北京王鳳波装饰設計機構
BEIJING WANG FENGBO DECORATION DESIGN STUDIO

北京王鳳波装饰設計機構

北京王鳳波装饰設計機構
BEIJING WANG FENGBO DECORATION DESIGN STUDIO

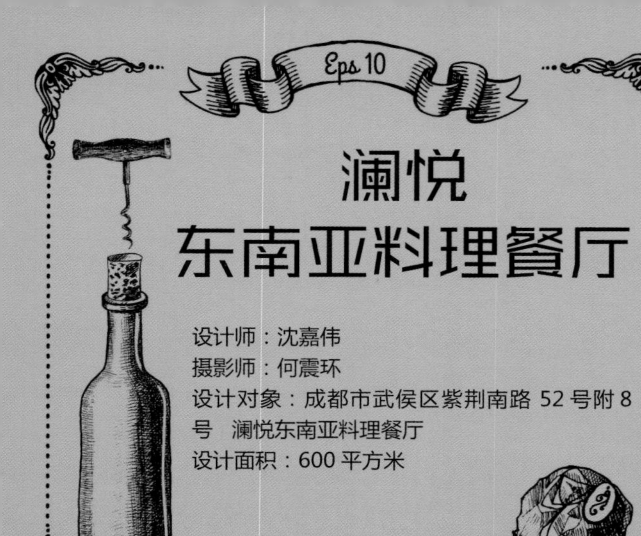

Eps 10

澜悦 东南亚料理餐厅

设计师：沈嘉伟
摄影师：何震环
设计对象：成都市武侯区紫荆南路 52 号附 8 号　澜悦东南亚料理餐厅
设计面积：600 平方米

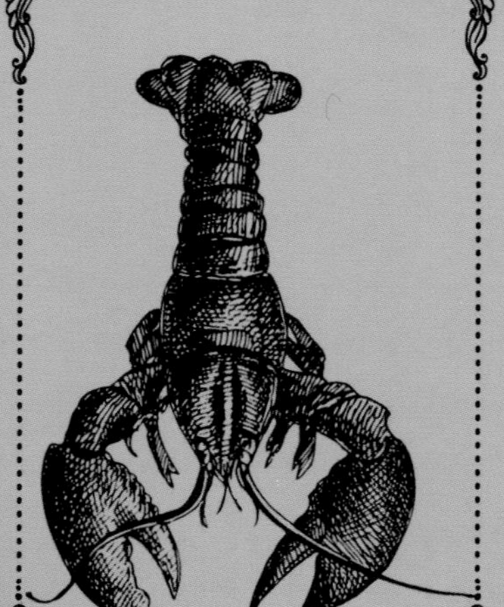

宴遇小课堂

如何通过门头设计吸引顾客进店？

作为餐饮店的脸面，门头设计的要点在于醒目，能够快速抓住消费者的眼球，一般餐饮连锁品牌都有固定的套路和规范，这就不说。这里重点说一下单店的突围。大多数街边店周围肯定会存在很多竞争对手，在设计门头、外立面或是招牌的时候，可以走差异化的路线，也就是采用和别家餐饮店完全不同而更抢眼的颜色作为基调，让消费者能第一眼就在众多店中发现你的存在。很多国外的餐厅会在街角醒目的位置树立起超大的 LOGO 和广告，让人们在很远的地方就能看到。

很多餐饮店都有橱窗的设计，可以方便地让来往人群清晰地观察到餐厅内部的情况，这对于餐厅也是一种宣传。因为橱窗具备透光和整洁的特点。此外，很多餐饮店都会在橱窗玻璃上张贴 POP，诸如吊牌、海报、小贴纸、纸货架、展示架、纸堆头、大招牌、实物模型、旗帜等都属于 POP 的范畴，这也是广告的一种，而且展示效果也不错，但是有个技巧要记得，为了保证往来人群能够清晰地观察到餐饮店内部的环境，餐饮店橱窗腰线 1 米以上不宜张贴 POP。

澜悦
Lanyue
東南亞料理

本案作品设计立意：主要设计的是东南亚料理餐厅，但是基于制作与现当代不同的艺术空间，所以在设计立意的时候在设计过程中通过拟人化美学艺术手法让餐厅具有一定特色的文艺范女性美之气质氛围感。

室内空间组织，楼层一共有 4 层，店面临街。首先户型原始的结构在实际运营上是有缺陷的，楼层上下的关系联系不是很紧密，所以我们加了传菜电梯及客梯，主要是解决空间的使用功能，把商业空间的价值更加体现出来，同时在运营使用上更加方便、合理。

整个作品的色彩体系是主要背景色，主要是深棕色的木地板地面，墙面一部分是木地板上墙，起到弱化墙面的作用；突出散座区的艺术墙砖，让植物的韵律在墙面回荡；通过光环境和喷绘玻璃，让进入一层的主视角能够迅速带给人们强烈的知性文艺的女性美感。

软装设计的着重点在精致、静谧、文艺、温馨这几个方面。通过一定合理的色彩搭配，利用小景、饰品营造出户外的感觉。

主材：包括木地板、石材、墙砖、墙绘材料、饰面板等。

澜悦

Eps 10

上海外滩贰千金

设计事务所：Dariel Studio
设计总监：Thomas DARIEL
设计团队：Julie Mathias, Andreea Batros, Caroline Magand
项目经理：周懿
总面积：1200 平方米
完成时间：2014 年 11 月

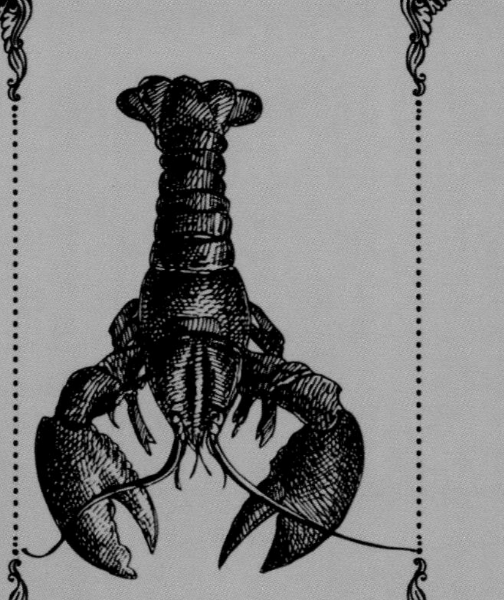

宴遇小课堂

常用的横向布局有什么优缺点？

横向布局是最为常用的布局方式，以厨房为中心，餐厅围绕厨房组成群体。很多餐厅都会设计成敞开式的，敞开在中厅的四周，有意模糊了餐厅间的界限，顾客在用餐的同时可以看见其他顾客的用餐情况，充满了人情味，但相对来看，缺乏了私密性。很多国外的餐厅便是如此，将横向布局的部分空间串联贯通，围绕厨房布置，提升了用餐空间的活跃性和丰富性。而有些餐厅则相反，用封闭的隔墙划分出不同的区域或包厢，以保证客户的用餐空间具有相当的私密性。

贰千金(Lady Bund)餐厅位于外滩22号，主营创意亚洲料理。餐厅所在建筑前身始建于1906年，地理位置毗连十六铺码头，是一栋典型的折衷主义历史老建筑。修缮后的外滩22号以其特有的红砖立面在外滩建筑群中独树一帜，仿佛女子着一袭红裙，极具历史韵味。

餐厅的建筑背景是西方建筑形式与东方历史文化完美结合的典范，业主期望能在贰千金内部延续东西一统的精神韵味，于是邀请了扎根上海的法国设计师Thomas Dariel操刀室内设计，发挥其擅长的文化兼容现代的设计手法。

有机穿插东方的语汇元素与西方的呈现方式，Thomas Dariel将这种融合性贯穿于整个室内设计中，与贰千金创意亚洲料理的菜品风格一脉相承。在此基础上，为了进一步丰富功能，空间内部不着痕迹地刻画了两种不同的语境氛围：平日里轻松休闲的餐厅和入夜后私密尊贵的酒吧。

1200平方米的空间并不规整，或封闭或开敞的区域却也因地制宜，自然地分割出了大致的就餐区域。Thomas Dariel为每一片区域都设计了一个主题，使之自成一景。

入口处的前台区域首先为餐厅奠定了基调。鱼骨纹木护墙板从地面延伸至顶棚，将整个空间包裹其中，传递着温暖。简单、高雅的金色签到桌带来质感，悬于其中的WOKMedia陶瓷蛋壳艺术装置，则多少暗示着这个项目的创意属性。

由此步入，圆角吧台首先映入眼帘。如果说前台是引子，那么作为贰千金故事的开篇，吧台区域直奔主题，选择亚洲传统书法元素来点题。宣纸被裁剪成一条条斜边纸条，从木制天顶优美地垂落，中间夹杂着几条木吊灯，配合气场十足的黄铜吧台桌，纵向层面立体丰富。而在吧台旁侧的墙面，大大小小的木框悬挂着适应各自尺寸的毛笔，则形成了横向的呼应关系。

穿过吧台，便进入了一片开敞的核心区域，悉数保留的原始拱形窗格，带来开阔迷人的外滩江景。偌大的空间主要划分为两片。中央区域基地被稍稍抬高，用作就餐区。配合边角圆润舒适的桌椅，一幅幅卷轴依次在顶棚铺开，拖出空白的画卷，自外向内延伸。刚到尽头，巨型数码喷绘作品立马进行纵向的衔接。画面描绘了布满繁复花样纹身的背影，占据整面墙壁，充满神秘性感的气息。在原始窗格独特韵律的衬托下，环绕左右的区域安排为休闲区，方便边品酒边赏景。各式各样的折中主义设计家具点缀其中，呼应了原建筑的属性，有效避免了单一陈设带来的正式感。横跨顶棚的长条汉字设计灯箱和地图地毯，流行中不乏可圈可点的细节，使空间更为年轻活跃。

受到传统丝纺机器的启发，在第二就餐区，Thomas将细绳索相互穿插扭曲，交织出几何图案，编出了一张若有若无又的丝网，笼罩在整个空间之上。四盏Maison Dada的别致吊灯悬于其中，是东、西方文化碰撞的补充说明。与绳索之虚相对，占据空间尽头的铜管“线条”则将飘忽的视线悄悄收回。棱角走线所勾勒的开放式餐吧，带有些许工业的味道，亦与放置于此的美食相得益彰。

两个主要就餐区各有一间优雅的VIP间，采用藤织移门隔断，既避免了生硬的衔接，同时又保持着较好的私密性。这里同样安排了精心装点的顶棚，将诗意的图案化作别致的设计——一如贰千金带来的印象。

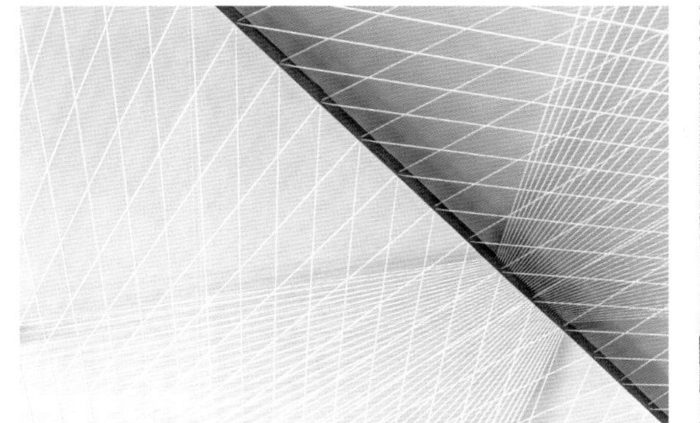

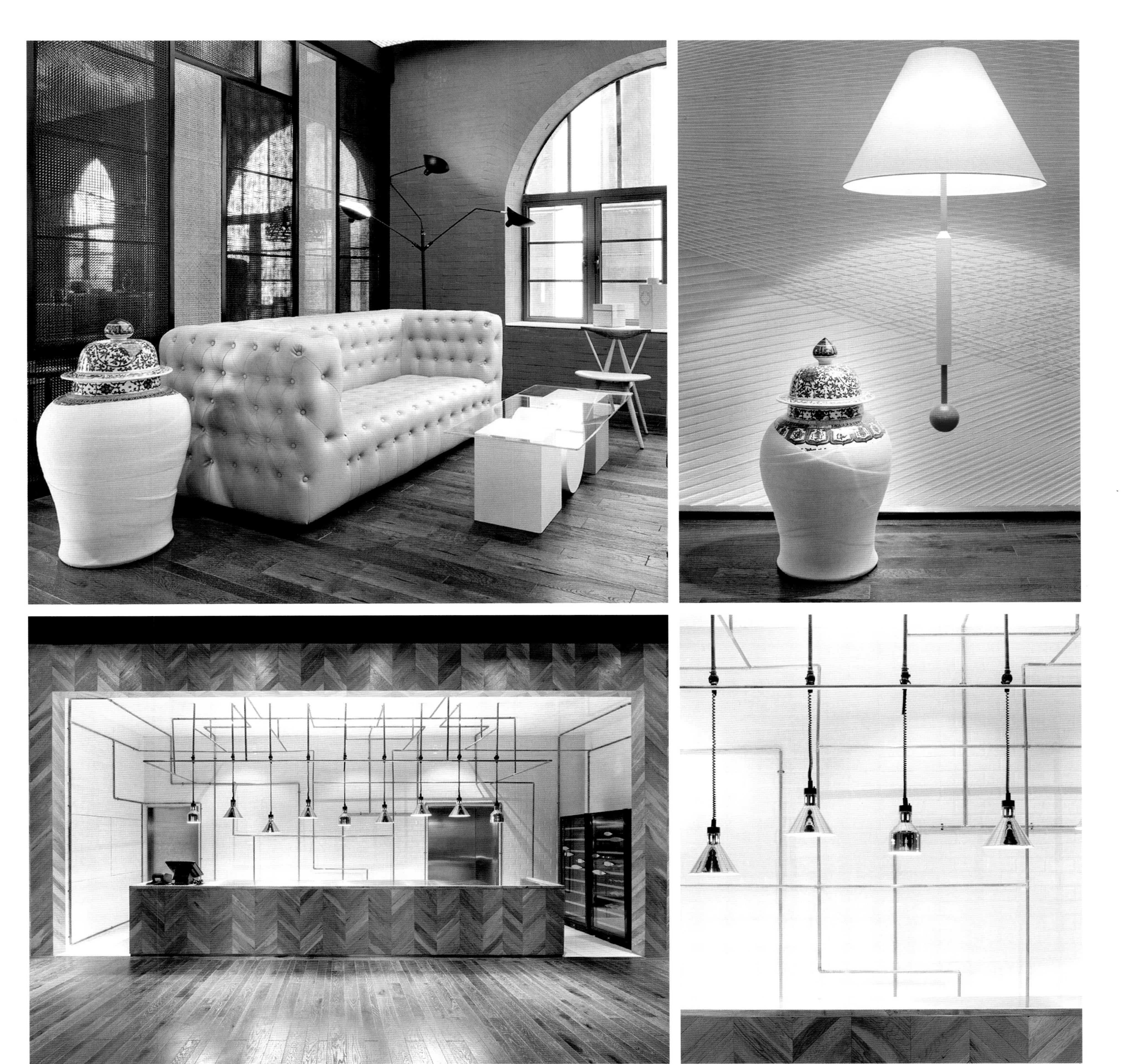

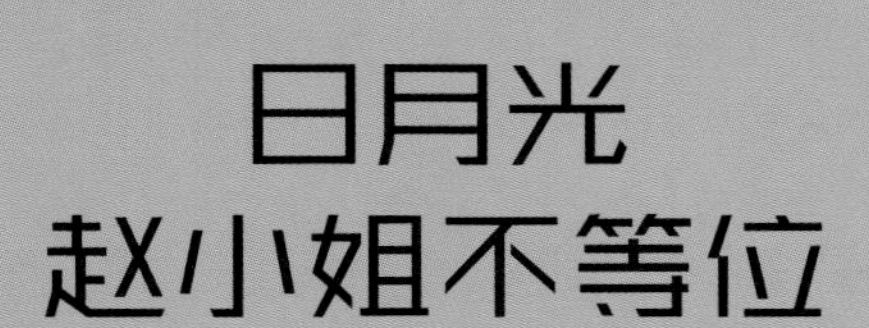

日月光
赵小姐不等位

设计公司：午逸宸建筑设计顾问有限公司
设计：巫俊逸
摄影：温蔚汉
坐落位置：上海日月光中心广场
面积： 400 平方米
主要建材：复古做旧地板、定制壁纸、彩色乳胶漆、定制地砖

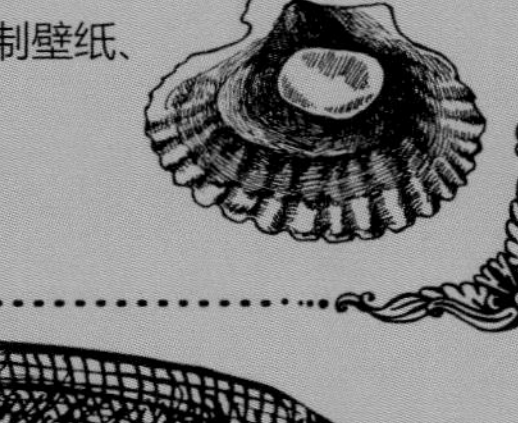

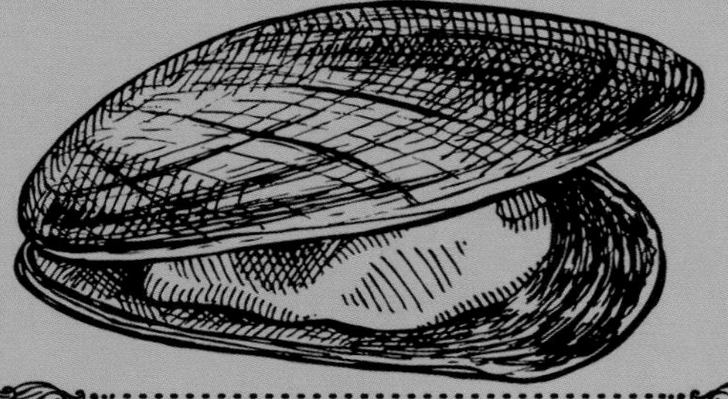

餐饮店前厅在设计时要注意哪些要素?

餐饮店从职能上来分隔的话可以分为很多个区域，但与顾客之间关系最为紧密的，就是餐饮店前厅。作为顾客用餐的区域，装修设计、装饰、空间大小、高度甚至是光线明暗等，都能在很大程度上影响顾客的就餐情绪。作为餐饮店前厅，明亮而又宽敞舒适的用餐环境是必需的，此外，高度控制在 3 米以上为佳。

人生就像一场旅行，不必在乎目的地，在乎的，是沿途的风景。
很喜欢《天路》这首歌，我一直幻想着有一天可以去环游世界的每一个地方，领略最美丽的风景。
在生命中的每一天，不要等秋天过了才感叹春天里的绿色，在冬天里渴望夏的温暖，在人生的道路上匆忙赶路而忽视了沿途的风景。
人生是一段旅程，在旅行中遇到的每一个人，每一件事与每一个美丽景色，都有可能成为一生中难忘的记忆。一路走来，我们无法猜测将迎接什么样的风景，无法预测目的地在哪儿，可是前行的脚步却始终不能停下。
在人生的旅行中，走过的路都将成为过往，不能回头不能停留，那么就不如享受每一刻的感觉，欣赏每一处的风景。当我们想要欣赏左边的群山，就要放弃右边的平原；想要欣赏右边的大海，就得放弃左边的小溪。陶醉于群山时，不要想着平原，沉迷于小溪时，不要还想着大海。
“秘境”的空间从亚马逊热带雨林出发，顺着亚马逊河承载这条古老文明的河流，感受生命拐点的洗礼，伴着火车鸣笛声，从广漠的撒哈拉穿梭而过，找寻到生命的真谛。烈日下，磅礴而不朽的非洲大草原让人在辽阔中静默，我们最终带着朝圣般的虔诚，来到无垠的海边，

它是上帝洒向人间的项链，这样的干净、纯粹是心中珍藏已久的净土。沿途的这些风景，它们糅合了一种情怀，将大自然缩影在日月光首间以旅行为主题的餐厅——“秘境”中，引领人们体验这份独特，沉醉于大自然的怀中享用美食，感悟人生。

“秘境”的设计倡导“感受自然•享受生活”，把对自然的体验融入到空间设计中，创造出以畅游自然为主题的梦幻空间。让来赵小姐不等位“秘境”的人们在享用美食的同时，亦能体会自然无穷的魅力。

Eps 10

赵小姐不等位上海长乐路

赵小姐不等位长乐路店
设计公司：午逸宸建筑设计顾问有限公司
设计：巫俊逸
摄影：温蔚汉
坐落位置：上海长乐路 628 号
面积： 90 平方米
主要建材：复古做旧地板、定制壁纸、彩色乳胶漆、定制地砖

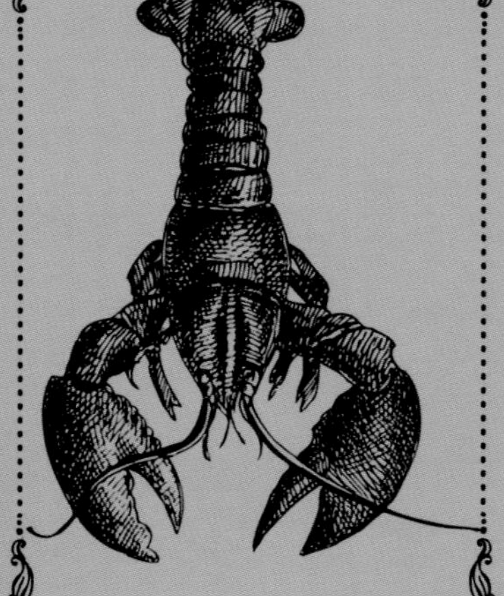

小型的餐厅如何布局?

用地面积较小的餐厅常会采用竖向布局结构。采用竖向布局结构的多为用地面积较小的餐厅，厨房分层重叠在餐厅的侧方，顾客到餐厅靠竖向交通，就这样就使得路线变短，方便了顾客，同时，也使得餐厅与厨房的联系更加紧密，厨房所需物品需要垂直运输。

재키
옷짱

赵小姐不等位餐厅是悬疑小说家那多献给爱妻赵小姐的结婚周年礼，开张两周即排在了各种美食排行榜榜首，为 2013 年上海最红餐厅。主打充满创意的盐烤系列，以盐来衬托食材的本味。时隔两年，赵小姐不等位当初的开始，迎来了她“梦境 ”的新的篇章——

在说过晚安之后，那些令人暖心的梦境就悄悄开始了：

一场美食的梦境 ,身边的一切都变成了食物。洋葱、菜叶、青椒、碎葱一起构成了和谐的法国乡村美景，黄瓜雕成的小桥架设在流淌着白糖的小河上；南美的原始森林中，饼干码头等待着糖块轮船靠岸；地球历史上曾有一个时期，芹菜形成了遮天蔽日的森林，喜爱海鲜的吃货们向着到处都是鱼儿的大海进发。

而现在，梦醒了，心却丢了，丢在了那个不知名、充满美食的世界里。在时间漫过后，沉淀成了脑海里的回味。总在夜深人静时想起了，于是，爱上了赵小姐不等位的那个夜晚的繁空，那么的缥缈，那么的遥不可及。

“梦境”的空间设计以糅合对吃货们的梦境的虚幻的表达，将梦境的虚幻呈现于长乐路以吃货的梦为主题的餐厅——“梦境”中，并引领人们穿梭其中，体验梦境里、现实外独特的风景，沉醉于梦境的怀中享用美食，怀念最美好的“食光”！

PENGUINS NEED POLISH

PENGUINS

香港都爹利会馆

设计公司：Studioilse 工作室
设计师：Ilse Crawford

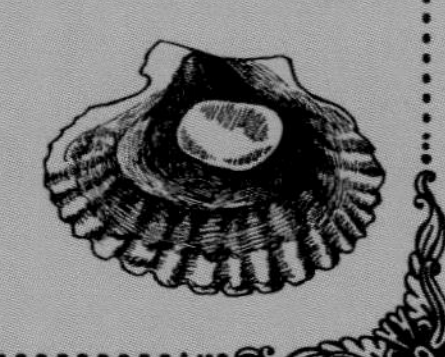

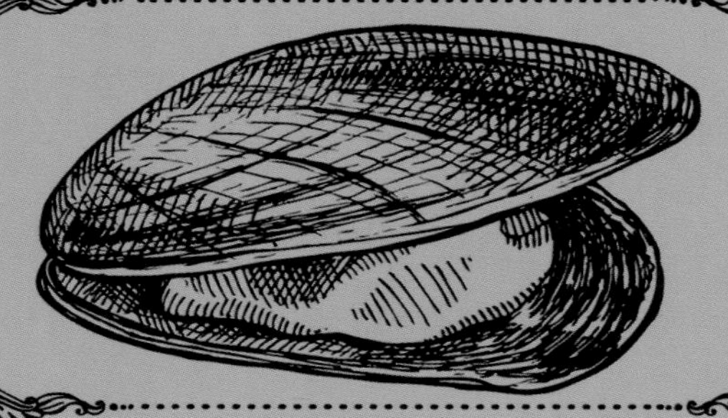

餐厅的色彩选择有什么讲究？

现代餐厅在满足不同的客群需求时还不断地在细分，形式千姿百态，有喜欢高雅的，也有欣赏民俗的，有喜欢纯净的，也有追求前卫的。对餐厅色彩的选择不能一概而论。一般情况下，要有一个基本的主色调统领一个空间，宜简不宜繁，即使要玩色彩混搭，也要讲究主次、层次和协调性。

利街上海滩楼上的都爹利会馆是香港 2015 年米其林新餐厅。食物由米其林二星唐阁的前任大厨萧显志师傅负于粤菜传统，菜式保留粤菜正宗口感和味道，再以现代献。酒吧请来屡获殊荣的调酒师 Alexandre Chatté 特酒单，让客人对复古鸡尾酒有全新的感受。在精美雅致、气息的环境下让客人品尝正宗粤菜、复古鸡尾酒和精心一系列经典佳酿，享受全新的饮食和文化体验。

会馆的设计师是 Ilse Crawford，这所会馆也是她在香港个项目，她是英国伦敦 Studioilse 工作室的创意总监。项目中，Ilse Crawford 一如既往地坚持发掘生活中的美，设计出一个人与人交往的舞台，一个舒适的休息空间，术家庭般的让人难以忘怀的场所。餐厅优雅脱俗的装潢厚的中国艺术气息，Ilse Crawford 将以她的视角，诠释的创意，并将这一切带给忙碌生活的人们，去缓解、释放、处繁华都市的客人，让来到此处的人们得到最充分的释

ll's 位于香港中心区的中环广场都爹利街 1 号的上海唐位置在建筑的 3~4 层。中心内设有一间传统的广式餐厅、龙中心。邻近唐公馆有一个接近 222 平方米的户外绿，恰好从 Duddell's 的所在位置，就能一眼望见，观赏的绿意，令人倍感舒畅。本案由总部设在伦敦的工作室ilse 操刀，主设 Ilse Crawford 以折衷主义的中世纪现代合传统的民族地毯这一形式，来突出室内设计的特色。之初，事务所并没有特殊的见解和立场，但当他们考虑是个比较特殊的原殖民统治区，有别于其他的文化氛围，有了将不同文化、不同思潮、不同材料、不同表现形式文化折中混搭的想法。设计师希望通过这种不讲求固定，只讲求比例均衡，注重纯形式美的方式，去引导人们受创意。

Duddell's，你就能感受到这里别样的气质。有些人会义为一间餐厅，有些人则把它当作是一间画廊，这完全来客的心情。该项目是由香港当地的三位企业家 Alan nn Wong 和 Paulo Pong 共同策划并开创的，在 2013 月，这里最终有了一个准确的定位。他们让这里提供精物和优雅的多层次的艺术，宏图大志甚至要把这里作为港创新思维的场地，而纷至沓来的人们竟也已在这里参种多样的文化活动，欣赏了多文化的画作与音乐。

城市艺术而创造的场地，自然来此欣赏的人群在消费水新思维上也不低。即便 Duddell's 多以石墙石地示人，沾染一丝庸俗与乏味。灰白色的石墙与瓷砖都透露出精料上由浅到深的人造纹理，不觉让人着迷于石灰材料的风格迥异的家具倒是陈设得不是那么刻意，却又给人有觉，散落在各处，互成一景。黑色、咖色、铜黄、红绿，木材、塑钢、皮料，色彩和材质提供了创意的灵感，让了起来。这里的家具和地毯大多出自当代设计师的作品人的手工品，不能说是孤品，但件件都显得很有味道。uddell's 已经举办了多场艺术活动，除了本来就有的艺，这里还有很多来此举办活动的艺术家的艺术品，品种同样也给人提供了更多的艺术创意灵感。临时展览与装置，Duddell's 成为了中国现代与 20 世纪水墨画的收集场地，并提升了香港当地的文化遗产，同时也再次强调出空间的特性。

大理石装饰，雕塑与绘画画龙点睛。吧台，延续入口大材。附近散座采用清新明亮的混搭家具。临窗明亮的背一排绿色植物带来大自然清新的气质，鹅黄色的座椅让轻松。Duddell's 目前已经是举办展览、文学与艺术展、演出等活动的标志性代名词。最近在这里举办的最大型，莫过于是与当代艺术紧密关联的艺术展——由艾未未 13 位香港艺术家的作品展。不难想象，人们在这里一边食美酒，一边欣赏艺术作品，甚至透过玻璃窗和露台，那随处流淌着平静与魅力的绿收入眼底，尽享远离喧嚣！

乐酒咖啡

设计公司：BPD 设计艺术

如何提高餐厅空间布局的合理性和有效性？

交通、使用和工作三大空间交织构成了餐厅空间的主体布局。能够满足接待顾客并能便利的就餐是其根本，在满足这个根本的基础上设计师追求的是更佳的视觉感受。如何高效、合理地利用空间是首先要解决的问题。客用空间的大小，依顾客的数量确定。烹饪设备和餐桌椅也是不可缺少的构成要素。合理有序的排布组合和动线规划就显得极其重要了。如果处理不好，容易走入两个极端，如果空间布局过于复杂，就容易导致松散分化；如果空间布局过于简单化，也会因为过于单调而令人厌倦。

在满足规律的前提下合理配置，做餐厅空间设计最主要的是要掌握好平衡感，空间布局规整大气，灵活有度而不呆板。在设计的时候需要将空间组织的合理性、舒适性及各个空间面积的特殊性充分考虑清楚，将餐厅工作人员及顾客的运动路线是否便利作为首要考虑目标，合理安排、组合各个空间，争取将空间有效且充分地利用起来。

斯洛伐克科希策历史街区，市中心最为古老的历史建筑，便是“乐酒咖啡”所在。

140 平方米的空间，开阔穹顶，赋予使用的各种弹性。虽然给设计带来了难度，但 20 世纪 70 年代的石质地板还是得到了完美恢复。同时代的各式用材与部件混合着石板给人一种非传统的灵感。诸多原创的艺术品和谐地融于空间中。定制灯俨然成了空间的主要特色。左手玄关是速食区。小小的高椅方便客人与矮吧台的沟通。对面的后区是坐席区，可观全局。地毯佐以吊顶上的人工草坪，为吊顶的玻璃水晶球创造着一个无瑕的背景，温暖而祥和。主打的金属用材因为木质的瓷砖、木色的席座面料而得到了柔化。整体的概念只用于前区、后区的椅子、条凳。后区的墙面点缀着穿孔金属板。前面墙体的象形装饰照明，突显着 20 世纪七八十年代的图纹。不同时代的装饰品与金属的用材共同塑造出空间的灵魂。

PLAZ

位置：罗马
设计公司：STRATO (Martino Fraschetti – Vincenzo Tattolo)

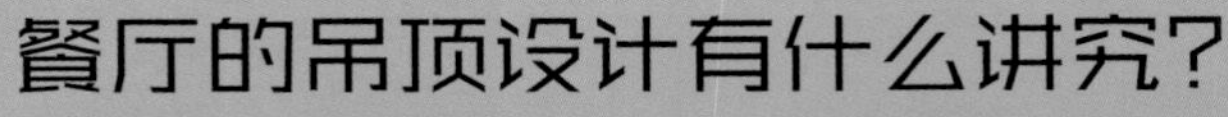

餐厅的吊顶设计有什么讲究?

吊顶是餐厅装修设计重要的一环，吊顶可以呈现空间的品位和格调，也可以对空间进行隐形划分。当餐厅本身的面积并不太大的时候，吊顶的作用就更重要了，可以拉高空间在视觉上的尺度。为了让顾客不至于感到压抑、沉闷，吊顶的颜色就不能太过复杂、花哨，切忌使用太深的颜色，过重、过厚都是不可取的。

“广场酒店酒吧”（ P L A Z ）位于罗马一历史街区内。酒店有两层空间，伴以开阔的室外空间。不同风味的美食，醇香的咖啡包容广济，给人一种热带欧式小饭馆的感觉。

室内空间焕然一新，但完整地保留了旧时的特色。一楼设为酒吧。角落里的双层酒柜，沿房间直至玄关窗。下层柜面木、铜用材，专为酒吧制作。二层镶嵌于窗，如同岛柜。酒吧间里的座椅覆盖着珍贵面料，给人一种风格折中的感觉。

二楼墙面，以宽大香蕉叶作为纹理。弥漫着野味的浓香彰显着空间的活力。新式而富有魄力的坐席、循环用材家具也因此拥有了非凡的背景。罗马城中央也拥有了一个充满异域风情设计的酒吧。

楼梯虽然使用了传统元素，但却自然地连接了两层空间。黄色温暖的墙面闪耀着亮光，黑白的镜像如同框景。令沿梯而上的客人如入画般地走进上层空间。

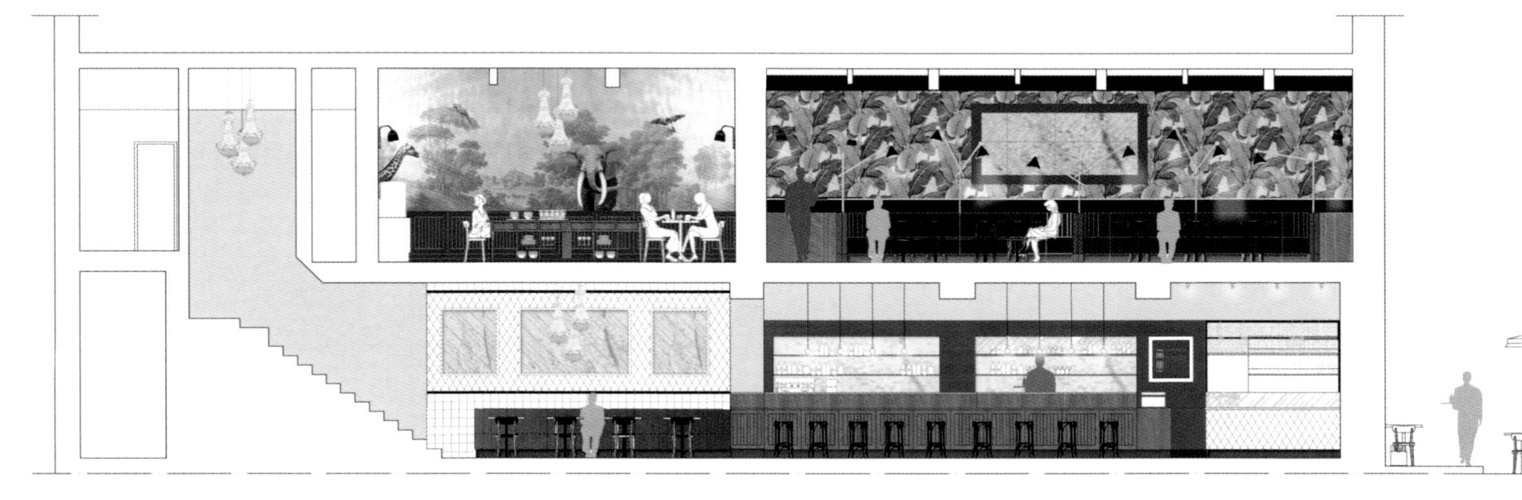

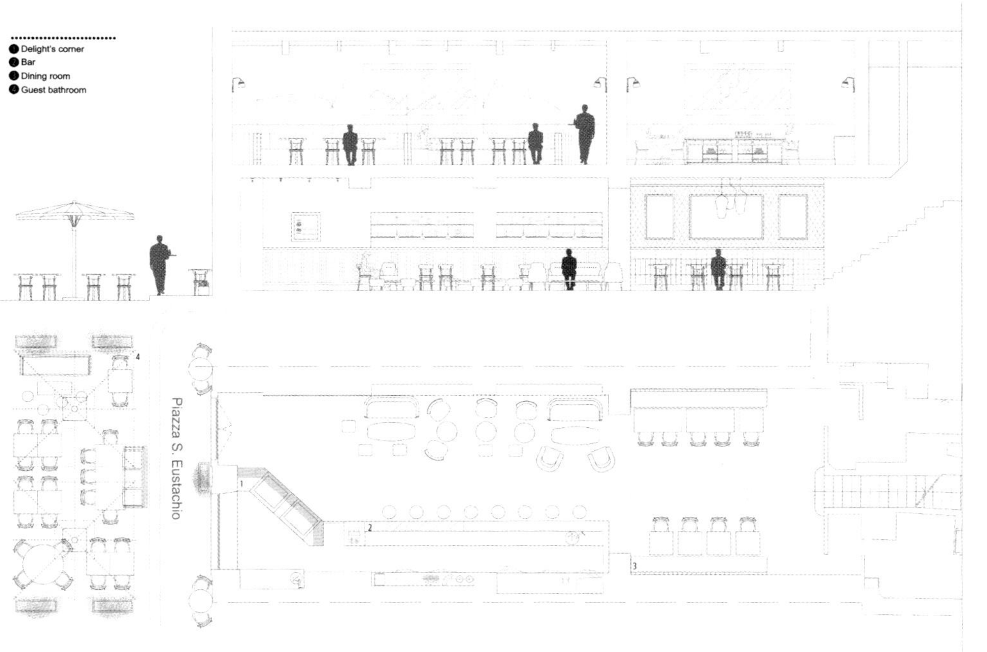
1 Delight's corner
2 Bar
3 Dining room
4 Guest bathroom
Piazza S. Eustachio

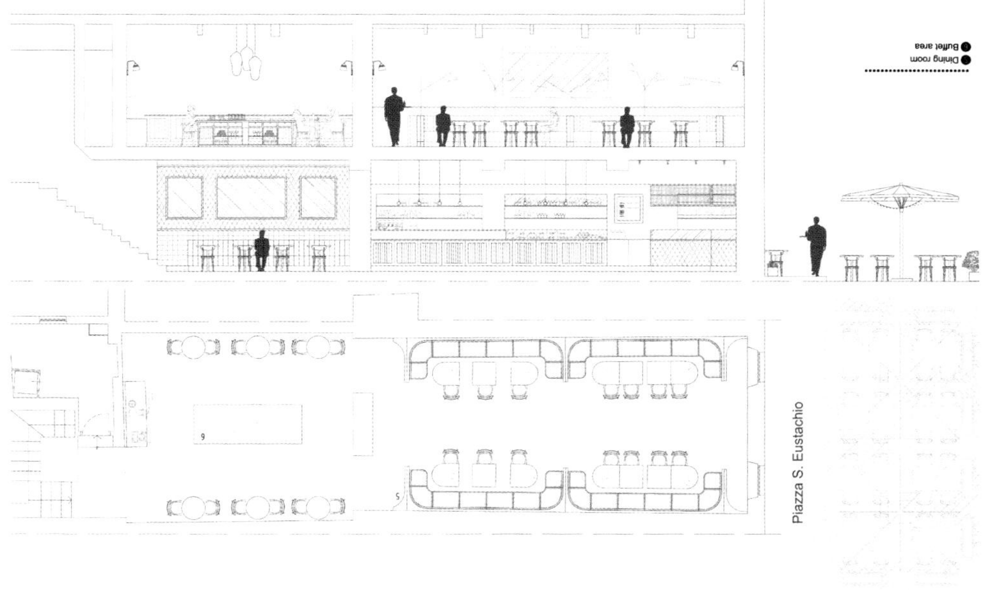
5 Dining room
6 Buffet area
Piazza S. Eustachio

Saúl E. Méndez

设计公司：Taller KEN
面积：450 550 平方米
摄影师：Andres Asturias

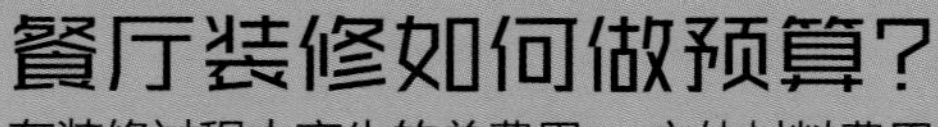

餐厅装修如何做预算？

在装修过程中产生的总费用 = 主体材料费用 + 辅助材料费 + 设计费 + 管理费 + 人工费 + 税金。

主体材料是指在装修施工中按施工面积或单项工程涉及的成品和半成品的材料支出的费用，例如灯具、瓷砖、地板等。

一般情况下，装修预算的报价都是以设计图为准，根据设计图来做预算。作为参考的餐厅装修设计图，除了效果图以外，还包括装修前和装修中的平面草图，以及局部大样图，这些统称为规划图。同时，除了以上说到的这些之外，同时还要参考施工方案。

在审核报价时，以下问题要注意：主材应详列，主材的品质、规格和级别也应标注，计量单位要明确，施工工艺要讲清，验收标准要明确，人工费用要讲明是按工程量计还是按天计。不怕不识货，就怕货比货，要在市场上了解各项材质和人工的大体水平。对费用有疑问不妨多找几家报价，货比三家，寻口碑好的。

Saúl Zona 14 是一座独具魅力的建筑，时尚、设计、艺术、商品、餐饮共聚一身。在这里，文化和商业的惊叹结合以及小小的收藏品吸引着顾客和参观者们驻足停留，慢慢享受小店带来的丰富体验。这里是会面之所，是休闲咖啡厅，也是购物商店。你可以在露台上享受漫长的美餐，也可以只是静静地坐着，安静地阅读。店面的设计汲取了文化的养分。其立面设计的灵感来自周围分布的危地马拉市建筑遗产，即西班牙殖民时期建筑的特色壁龛式装饰窗户。建筑外表面覆盖了模塑玻纤板，采用石膏和灰泥饰面以带来光滑度和延伸感。多重工艺的结合让窗户看起来像是自己探出了墙壁。这种特殊的设计还具有很高的实用价值，一方面可以释放宝贵的内部空间，另一方面可以作为展示橱窗。

外部露台是一个五彩华盖，顶部的钢结构上悬挂着453.6千克色彩斑斓的毛线，带来柔软的触感。绿色和黄色的主色调形成了充满活力的调色板，让视线也跟着跃动起来，并与周围的绿色植物起来成为一体。该设计的灵感来自于危地马拉市土著居民仍在沿用的天然制造技巧。晾干法是工艺文化中十分传统的制造技巧。而这个看似只具备单纯装饰效果的元素实际上蕴藏着高度的实用价值：它可以遮挡强光，也可以吸收噪声，为露台带来阴凉及静谧的氛围。

单色洗手间结合了Aparici几何瓷砖和镜面两种元素，创造出不可预知的奇妙体验。它像一座奇幻屋，又像一座迷宫，让你永远找不到尽头。

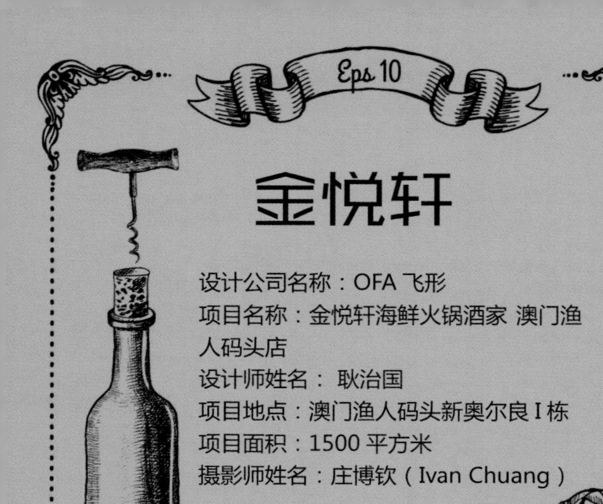

金悦轩

设计公司名称：OFA 飞形
项目名称：金悦轩海鲜火锅酒家 澳门渔人码头店
设计师姓名： 耿治国
项目地点：澳门渔人码头新奥尔良 I 栋
项目面积：1500 平方米
摄影师姓名：庄博钦（Ivan Chuang）

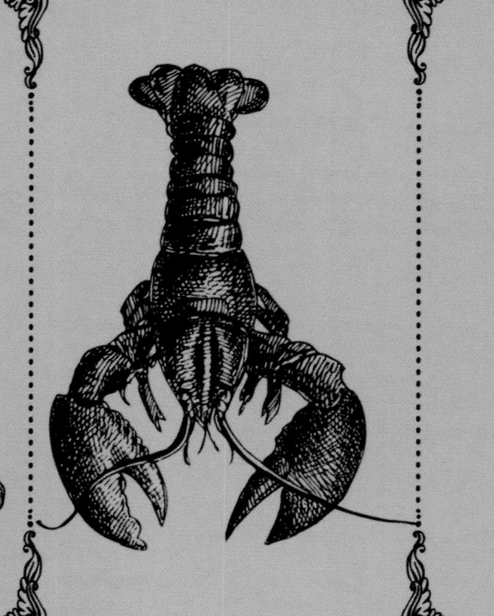

宴遇小课堂

特色餐厅在设计上有什么技巧？

餐饮行业犹如一个冒险家的乐园，充满了各种诱人的机遇，同时也隐藏着诸多陷阱。餐厅经营得好，是多个要素共同作用的结果，餐厅除了要干净、卫生、味道好以外，还要选址正确、定位准确、环境舒适、价格公道、服务到位、营销巧妙、员工安心、收入与支出的平衡控制得好等。

从设计的角度来说，也需要定位准确。一些特色餐厅的设计风格和品位，能让顾客了解餐厅的经营内容和方向，比如典雅而又浪漫是高档餐厅的代名词，干净明亮又不失简单则是快餐厅的装修风格。此外，暖色调有利于调动人们的情绪，而想让身处其中的人们感到安静的时候可以使用冷色调，当然也并非绝对，现代科学已经证明了色彩会改变人们的情绪，明亮的蓝色虽然同为冷色调，却也能起到像红色一样激发起人们情绪的作用。

东方海滨染上新奥尔良风的浓烈色彩；渔人码头式的悠闲融入澳门生活节奏——位于澳门渔人码头其间的金悦轩海鲜酒家，在设计语汇中精致交融中西文化符号，营造出品位高雅、舒适轻松的用餐环境。
酒店设计与整个渔人码头建筑风格呼应，又更趋精致典雅，金悦轩以西式经典的拱形弧线为代表符号，勾勒出窗框、门洞与顶棚，亦与海洋波浪的意象不谋而合。
同时，代表中式风格的如意云纹，以千变万化之姿，融入到金悦轩的空间建构中：它时而现于迎宾门上；时而又雕镂成格栅的花纹；它以钉扣为廓，成为包房钉扣壁纸的图案；也化为暗纹，低调藏身于玻璃墙体中。

金悦轩典雅的整体空间中，软装陈设以“色”点挑，如以四色鲜艳的胭脂盒为主题的装饰艺术品，又如以粉红纸片排布出花瓣之形。主题上，则多取现代艺术手法呈现中国式的花卉与树木，以大量纽扣错落拼接出树头含苞待放的花蕾、以宝瓶为外形内里却做树影剪纸等装饰艺术品，将中式文化的内涵转译为视觉享受，优雅铺陈在金悦轩的各处空间中。

在营造金悦轩空间的过程中，有上万颗圆形小球被严丝合缝地手工钉嵌入窗框和墙体中，这种对于“精致”感的追求，同样体现在钉扣壁纸的制作、体现在树瘤墙板的拼接、体现在弧形石墙的打造上。这份对于“精致”的执著，将中西符号和谐交融成雅致的文化品位，将客人带入高雅、舒适与轻松的用餐氛围。

B.ONE 彼湾映像餐厅

设计单位：深圳市新冶组设计顾问有限公司
主案设计：陈武
面积：350 平方米
主要材料：肌理漆、水泥漆、金属铁网、石膏线条、花砖、黑漆铁艺、投影膜、烤漆玻璃

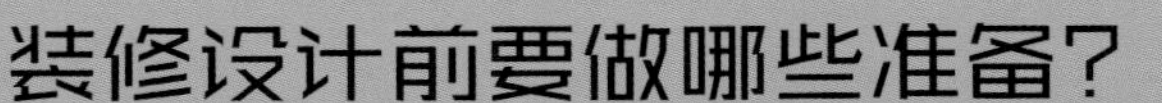

装修设计前要做哪些准备?

装修前我们需要对整个市场、目标客户，以及店面周围环境进行调研和分析，了解这家店的优势和特色是什么，属于何种档次，目标消费者的口味喜好、文化层次、收入情况、消费能力及消费欲望等，正所谓知己知彼，百战不殆。

位于深圳华侨城创意园的 B.ONE 彼湾映像餐厅是深圳首家以影像为主题的时尚餐厅。新古典装饰风与现代工业风的自如混搭让室内空间具有独一无二的国际美学感染力；最先进的全息 3D 投影技术的精妙运用，则带来面貌一新的消费体验。该店一开业，即成为城中达人的心水之地；而设计师“餐饮除了可以美味，也可以有趣”的设计理念，更从“用户思维”角度，重新定义了当下餐厅的形态，带给业界极大的震撼与启发。

B.ONE 彼湾映像餐厅集餐饮、酒吧、咖啡吧多种业态于一体，其商业模式由设计师根据项目分析亲自设定，再加上本案属于旧厂房建筑，在改造规范上有重重限制，这些均为室内设计带来难度与挑战。而设计师巧妙借助映像投影技术，成功地解决了这些问题，并最终令映像成为串联空间与商业的主角。

设计师对餐厅内部空间节制而准确地进行了轮廓及调性处理，让空间三维回归到该有的“画布”角色。看似“少”的动作，其实是为了爆发“多”，画布的存在是为了塑造画家发挥的载体。果然，其引入的知名 DJ 原创制作的 Deep House 影像内容以流动与变幻的方式，为空间气质带来了无穷变化。在极度味觉的基础上，加上视、听、触觉的多重击撞，为消费者带来了无限体验的张力。

在本项目中，设计师将旧建筑改造重生、可持续发展的社会责任考虑其中，并进行了有效的实践。“环保生态，不是口号，不单是严肃的事，它完全可以是亲切的、时尚的、先锋的”，本着这个理念，B.ONE

彼湾映像餐厅与深圳生态潮牌家具 LIFE2 进行了深度合作，从多元感官出发，组合布置了铁、水泥、木、皮、亚麻等原创再生材料家具，并重视绿植、灯光、音乐与其的融合相长，打造出交织着过去与现在、自然与工业的创意混搭的独特的美学空间。尤其在细节的极致打磨上，整个场所被构想成是由光、影、声组成的流动和振动空间，让消费者无论在哪个角落都能体验到前所未有的愉悦感。

B1
10
10

B1
B1
B1
10

北京雁舍

设计师（公司）：古鲁奇公司
设计团队：利旭恒、赵爽、郑雅楠
项目面积：250 平方米
摄影师：孙翔宇

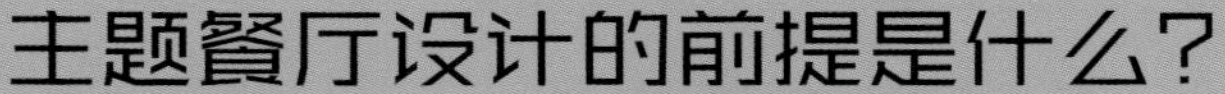

主题餐厅设计的前提是什么？

在这个大众求新求变，永远都追逐新鲜事物的时代里，主题餐厅如雨后春笋般，层出不穷。无论是前期的策划、平面设计，再到后期的空间设计，品牌推广都离不开最初的定位，决定了餐厅应该以何种形式出现。所以主题餐厅的定位一定要清晰。此外，在做定位规划时，应该预见到不同的地区、不同的民族都有着不同的生活习惯、宗教信仰和观念，所以主题餐厅这种利用空间形式来表现主题时，要充分考虑到是否能够让消费者接受，并满足他们的需求，将主题特色与地域文化融入进餐厅的空间设计中。

一部介绍中国各地美食的纪录片”舌尖上的中国” 受到极大的关注，其中有一段话，诉说着游子对故乡的牵挂：”无论脚步走多远，在人的脑海中，只有故乡的味道，熟悉而顽固，它就像一个味觉GPS定位系统，一头锁定了千里之外的异地，另一头则永远牵绊着记忆深处的故乡。”

大雁归巢水云间，古鲁奇公司在北京CBD央视大楼旁完成了一个以雁巢为灵感的概念湘食餐吧，餐吧的主人来自湖南，在京奋斗10年，本想在今年收拾行囊衣锦还乡，却因缘际会开创了一个新餐饮品牌，也因此打消了还乡的念头，决定留在北京迈向第二个10年，同时在北京CBD这个让所有人疯狂的地方，打造一个有妈妈味道的温馨角落——”雁舍”。

餐吧空间以雁巢为概念，树林与鸟屋两个主题简约朴实的手法虚实表现在空间之中：虚——大量抽象化的树枝形成了一片树林，分割了几个用餐区域，让人们有身处都市丛林用餐的感受。实——设计师在所有的实体墙面开出鸟屋形状的树洞，食客以鸟的视角透过这些鸟屋树洞看到树林，这会是一种特别的体验，有些鸟屋树洞则组成为书架。餐吧的整体基调有着当代北欧设计的简约与朴实，这样的环境使人觉得这是个咖啡西餐吧，实际上，这里卖的却是再家常不过的中国湖南家庭料理，这意味着这里的饭菜有家的味道。设计师希望借由餐厅环境隐约透露出的北欧福利国度的安全感，在配有着妈妈饭菜香的家常美食，让身在北京CBD精神紧张的人们放松。

北京CBD每年来自各地的人们就如成群的大雁一般，北京CBD这个让所有人带着梦想而来的地方，故乡家的味道正如它的名字”雁舍”一样。

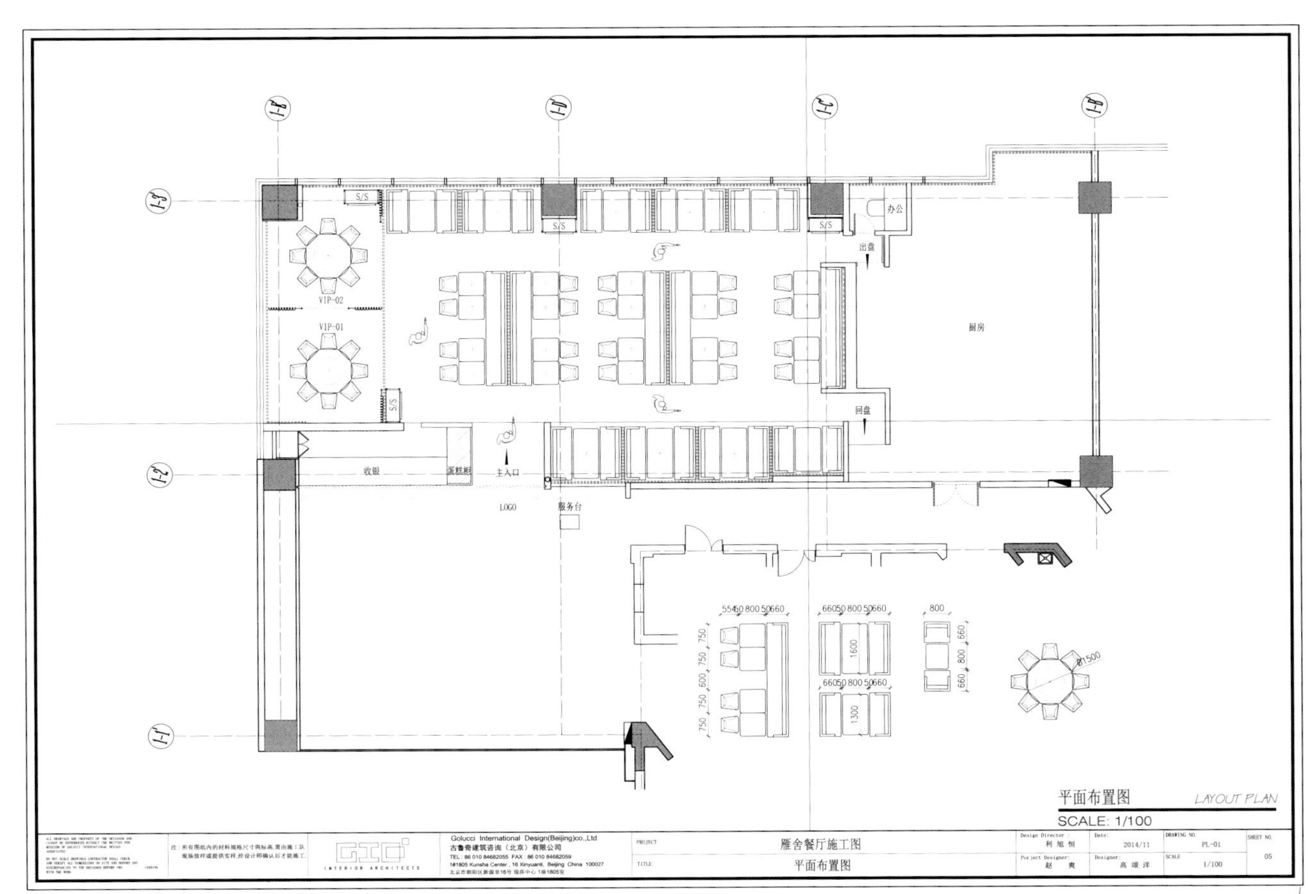
VIP-02
VIP-01
S/S
办公
出盘
厨房
回盘
收银
主入口
LOGO
服务台
平面布置图
LAYOUT PLAN
SCALE: 1/100
Golucci International Design(Beijing)co.,Ltd
古鲁奇建筑咨询（北京）有限公司
TEL : 86 010 84682055 FAX : 86 010 84682059
1#1805 Kunsha Center , 16 Xinyuanli, Beijing China 100027
PROJECT
雁舍餐厅施工图
TITLE
平面布置图
Design Director :
利旭恒
Date:
2014/11
DRAWING NO.
PL-01
SHEET NO.
05
Porject Designer:
赵爽
Designer:
高颂洋
SCALE
1/100

el mercdo 餐厅

设计公司：Vaíllo & Irigaray + Galar

宴遇小课堂

餐厅的灯光设计有什么讲究？

餐饮店的光线不外乎自然光、饰光、照明光三种。自然的光线适宜于店堂的时段有限，因而饰光与照明光是店堂光线的主要组成部分。灯光所起的作用与食客的味觉、心理有着潜移默化的联系，也与餐饮企业的经营定位息息相关。餐饮企业的灯光布置是一个整合的过程，要正确处理明与暗、光与影、实与虚的关系。人天生具有视觉补偿功能，因此，餐饮企业应该艺术地构置灯光系统，调动食客的审美心理，从而达到饮食之美与环境之美的统一。

西式快餐作为一种休闲餐饮，就餐的对象多为妇女、儿童，光源系统以明亮为主，有活跃之意。传统的咖啡厅、西餐厅是最讲究情调的地方，灯饰系统以沉着、柔和为美。不同的国家有不同的情调，英国式的古典庄重，法国式的活泼明朗，美国式的不拘一格，都需要灯光作出配合。

根据中国传统的就餐心理，中餐厅则应灯火辉煌，能营造出兴高采烈的气氛。

el mercao
NA 3959 AV

el mercdo 位于西班牙 Navarre。设计出自 Vaíllo & Irigaray + Galar 之手。990平方米的空间，设计师将各装饰元素与厨房、食品市场灵感相搭配，结合整个空间，呈现出仿如 Warhol 画作的空间景象。设计师采用了绿色的空饮料瓶装饰、平底锅吊灯及吊顶、屠宰桌打造的桌子、长凳和地板等元素来架构整个空间，而并非简单的置入，赋予它们独特的功能，从而形成了这个多变而令人惊艳的空间。

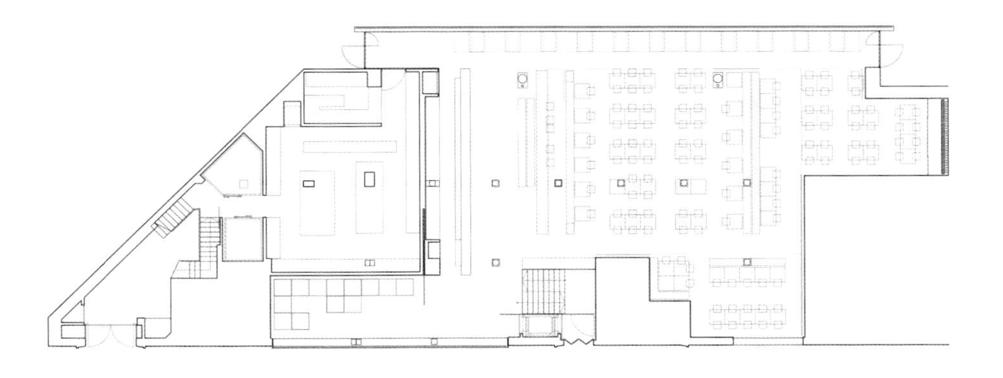

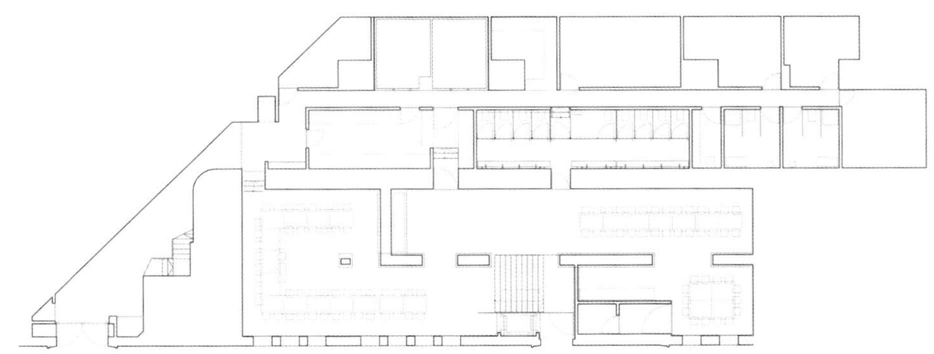

My dear
I LOVE
YOU!
Meet
IN PARIS

工业酷秀

Industrial Cool

烧咖酒店

设计公司：雅罗斯拉夫创意设计
摄影：路易斯

餐厅如何实现更环保的设计？

绿色、生态、健康、环保、节能是现代空间设计的共同趋势，用在餐厅中很容易被客人接受和认可。生态环保的设计可以从很多方面着手，比如装修材料的耐用性、可回收性和安全性；增加更多绿色植物；优化空间的通风、采光、空气等条件营造舒适、健康的环境……

“烧咖酒店”位于里斯本历史街区。兼容并包的高档美食，精彩、轻松的内饰呈现，并非仅仅是设计个案。重叠的木件，借助于设计的精巧，褪去了其美丽面纱；夹层、窗户得到了恢复；外墙的天然石材得到了清洗、洞开。量体的古朴与美丽就这样得到了保存与修缮。

工业时代的美学与舒适个性的家具在空间内形成对比，古老的枝形吊灯，20世纪工业时代的灯盏装点着顶棚。透过高高的窗向外望去，外面是小巧的街巷。古色古香的内里装饰就这样以绝对和谐的姿态融合在里斯本的大背景下。

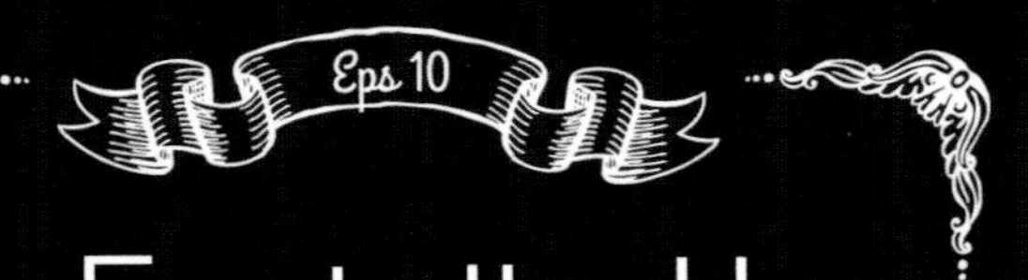

Castello 4

设计公司：Millimeter Interior Design Ltd.
设计师：Michael Liu
摄影：Millimeter Interior Design Ltd.
面积：约 204.4 平方米

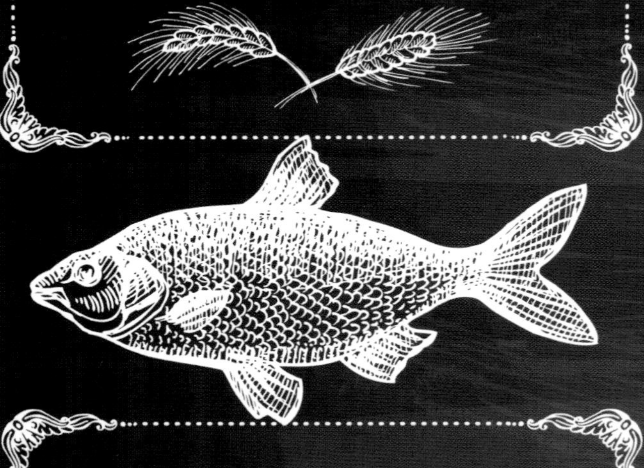

哪些互联网工具可用于餐厅微营销？

随着新媒体的崛起，信息的传递更高效、付出的成本更低廉，传递的范围更广阔，传递的方式更灵活，互动更直观，都给餐厅的推广营销带来了新的机会。目前市场上，微博、微信是极具影响力的新媒体。此外，OTO 是将线上关注转化成线下消费的新型商业模式，二维码也是高效的识别和引流工具，这四大工具是新兴衍生出来的营销利器，用得好能让品牌快速传播，吸引更多消费者，节约运营成本。

CASTELLO 4

Castello 4 是一间位于香港中心地带的西式餐厅 / 酒吧，总面积约 244 平方米，主要提供精致的意大利菜及高级酒类饮品，它是一个既前卫又高雅的聚会点。由于 Castello 4 位于商业大厦内，故设计师需设法引起大众对餐厅的注意，以增加客流量。有见于此，设计师决定创作出一个震撼的视觉效果，务求在电梯门开启的一刹那，能吸引更多的人注意。

设计从空间的中轴线开始，以双重折叠的概念创造出对称的拱形顶棚，加上倒三角形的支柱，设计师借此去强调顶棚的高度，并同时扩大了空间感。设计师有效地运用了 5 米高的楼底，把这个平凡的空间转化为一座宏伟、创新的大堂。这样设计的目的，是为了能在电梯门开启的瞬间把电梯内乘客的线视吸引住，从而引领他们入内一探究竟。

为了降低工程成本，此空间的原有物料被保存下来，只加上水泥板支柱及铁锈屏风去衬托原本的混凝土墙身，为空间打造出一种自然不造作的感觉。在落地大玻璃前装上了铁锈的屏风，屏风上布满以激光切割的三角形图案，既可遮掩窗外不协调的景色和大厦外墙的结构，又可确保自然光仍能照射入室内。排列不规则的三角形突显了“星际”的设计主题，而云石餐桌配以特别设计的金属脚架，更把酒吧的主题进一步加强。

另外，各条支柱上分布着不同的灯光，突出了空间白天和黑夜不同的景致，营造了不同的气氛和氛围。白天，在自然光的映照下，餐厅显得生动明快。夜幕低垂，把灯光变暗，这空间便转化为时尚又别致的酒吧。酒吧刻意地放在正中间，而座位则安排在两旁，这设计的用意是规划出足够的空间，以方便客人围在吧台前谈天说地。而开放式的设计，可确保员工能在人群中自由地穿梭其中。

狭小的厕所内装上了大型镜子，以不同的角度反映出内部空间，提升了整体的空间感；三角形设计的洗手盘，更把对称及棱角的主题，伸延至这细小的空间。

设计师巧妙地运用了对称的图案和不同组合的灯光，创造出令人赞叹的视觉效果，为处于这商业大厦内的平凡空间，增添了全新的、独特的个性。

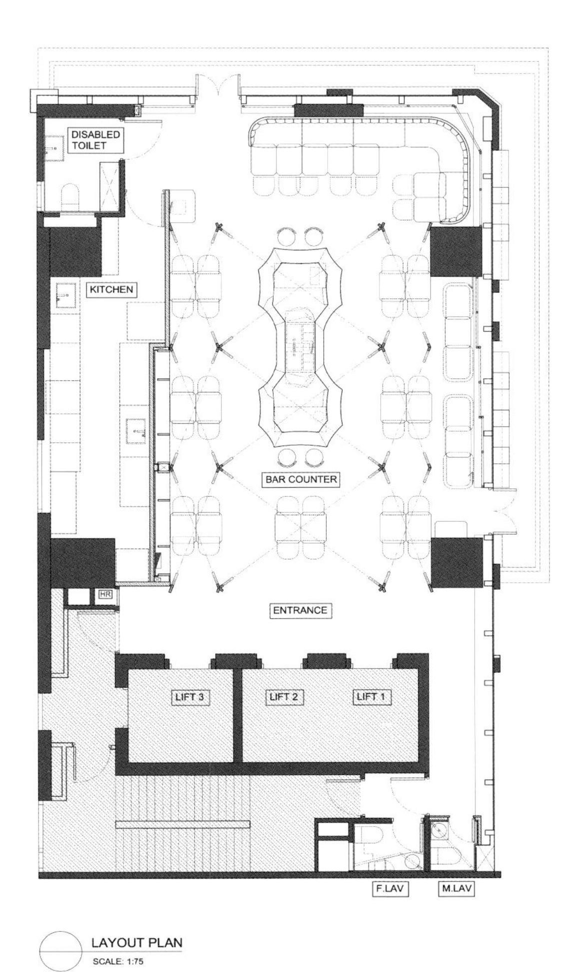

LAYOUT PLAN
SCALE: 1:75

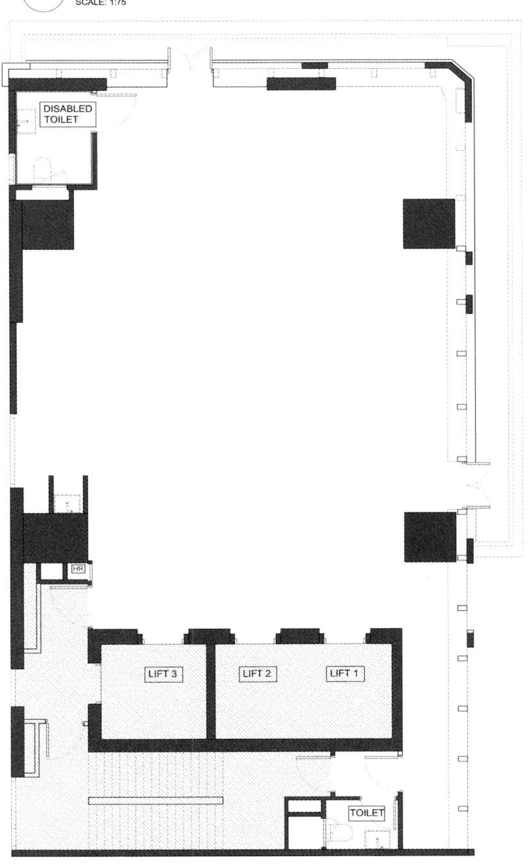

EXISTING PLAN
SCALE: 1:75

CASTELLO 4

秀厨房

业主：华润集团
设计公司：日本谷山联营
设计：谷山
艺术总监：佩斯
摄影：那卡萨合营

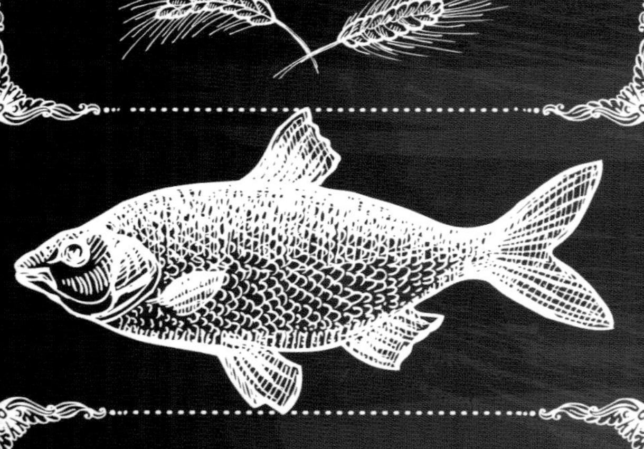

如何运用微博增加粉丝？

微博营销的过程就是制造话题，引发关注，提升好感，促成消费。要起到效果，需要足够数量的粉丝。增加粉丝可以用以下方式：

1. 利用微博来搜索粉丝。利用微博搜索功能查找产品、服务的关键词，邀请这些人来关注。

2. 通过标签找到粉丝。微博上每个人都会有相应的标签，如旅游、美食、美图等，根据用户特征，如年龄、身份、职业、爱好等进行分析，找到目标人群。

3. 通过微群找粉丝。微博群聚合了相同爱好或类似标签的人，餐厅可以通过他们的话题来判断是否是有效人群，如果是，就想办法把他们发展成目标客户。

4. 通过互粉来增加粉丝。互粉是餐厅微博获得粉丝的有效途径。互粉增加粉丝的方法有上互粉群，找快要满员的群加进去。还可以用互粉软件，快速增加粉丝。

5. 线下增加粉丝。线下手段有名片、传单、广告衫、菜单、说明书、产品包装、海报、灯箱、户外广告、招牌、营销活动等方式，增加粉丝。

增加粉丝的目的是为了传播和转成消费力，所以取得粉丝的信任和支持就很重要。

秀厨房”树脂面纱纹理灵感源于传统的竹木工艺，由当地手工艺术工匠亲手而作。从地板至顶棚延至整个空间，给人一种“阳光透过树荫”的感觉，如同来自海上的风吹着船上的帆，又如同蚕在夜晚温柔地包裹着客人。一切无不彰显着“雪域厨房”酒店的特色。

纱般的纹理质感把室内设计延伸至外部景观。泾渭分明的内外空间因此平添了一种强烈的连贯感。

面纱下，现代的展示厨房弥漫着一种微醺的现代感。厨房里的设备竭尽所能，使客人以其五感，聚焦着对食物的视线。不同的席坐安排，如大厨操作台、卡座、室外散台、酒吧躺椅，满足着客人与同事、家人、朋友聚会时的不同需要。

大理的自然无限，尽在本案。中国的手工艺、生活的别样体验开启在大理君悦酒店“秀厨房”的空间

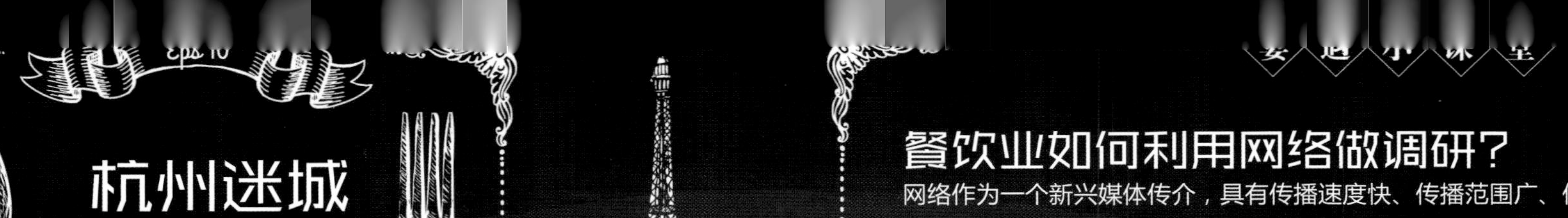

杭州迷城音乐餐厅

设计师：周伟
摄影师：贾方

餐饮业如何利用网络做调研？

网络作为一个新兴媒体传介，具有传播速度快、传播范围广、传播费用低等优势。所以网络研是现在比较常见的一种调研方法。其调研的方法是通过网络作为调研平台，借助网站、微信QQ、各种社群等，有目的地去收集一些有关餐饮市场的信息，比如消费者的需求、购买动机购买行为、获知途径等。从这些收集的信息中，整理出有效的信息，进行分析对比。这样就以更精确、及时地把握市场的现状及发展方向。市场调研的方法有：电话询问法、微媒体提问访问面谈法、集体问卷法、台面总结法、神秘客户访问法、文献法等。

本案是个旧建筑改造项目，原建筑为杭州余杭临平绸厂大礼堂，随着老绸厂90年代没落倒闭，该建筑一直闲置，2010年当地政府把这里规划为创意园，取名临平新天地。业主之前经营当地知名酒吧约15年之久，对经营非常专业，拿到该物业心里早有打算，迷城定位为新型综合餐饮，中午12点开始营业，下午茶加简餐，晚餐为中餐厅，主打创意菜，晚8点开始是酒吧时间，一直营业到凌晨2点。1000平方米的空间经营3种业态，这也是本案的设计难点。

在空间规划上我们根据业态的不同，把3面临窗区域规划为下午茶和餐厅区域，中间围绕舞台为酒吧区。从商业的角度考虑为了让酒吧区看上去不是很空旷，我们在四周做了若干BOX错落的放置，让酒吧时间看上去更有氛围。当然本案最核心的设计在北面区域，这里有大约8米高，我们把这个区域规划了3层空间，用若干楼梯相互连接，把这个原本单一的空间变得错综复杂，层次丰富。当你走在其中时能看到不同角度、不同层次的人们在这里用餐的状态，这真是我们一直追求的在商业空间中人与人之间的各种互动关系。这才是真正的“迷城”。
在材料的选择上我们选用了大量当地拆迁留下的旧木板，让旧木板在这里重新焕发青春，槽钢铁丝网和旧木板对比运用，企图打造一个重金属的感觉。本案混搭了多种经典当代家具，让高彩度的家具从整个灰色调的餐厅跳跃出来。根据区域的不同我们选择了不同的灯具搭配，当然在现场客人还会发现一些很有意思的家具灯具，这些都是设计师现场即兴创作的！比如机器改造的餐台，搪瓷杯改造的灯具。总之，当人们迷失在迷城的某个角落时，总会不经意地发现设计师精心设计的一些有意思的东西。

我们小心翼翼地保留了原建筑的外立面，以及门口静谧的小院，保留了具有时代印记的围墙，院子里的每一棵树。在树的缝隙我们用旧窗搭建了3个小建筑。在做院子铺砖时我们刻意留出了当年的路径，希望留给那些曾经在这里工作过的人们一些回忆……

M42

UP YOUR HEART AND JUST LET
B R
COFFEE IN GLASS
OID WOODEN WAR

11 112
LONDON

11
12

3
我宣你你造吗
臣妾做不到

TIME
PEACE

11
12

CHAPULIN

位置：墨西哥
建筑设计公司：SAMA 建筑师事务所
室内设计公司：MOB
室内设计：伊里萨尔
图形设计：伊格纳西奥
灯光设计：佩德罗
摄影师：阿方索
面积：623平方米

宴遇小课堂

如何将餐饮融入到互联网当中去？

首先要了解我们的消费者，80 后、90 后这部分年轻人作为餐饮市场消费的主力军，时尚又个性是他们的性格标签，新鲜又刺激是他们所追求的，所以餐厅无论是环境空间的布局，还是菜品的研发，甚至是厨房设计，都提出了更高的要求。互联网联结的不只是一个虚拟的网络，它已经成为现代人生活的一部分。互联网思维是要与互联网时代的人对话，形成互联互动，增强他们的认同感和归属感。互联网作为一个工具，可以发挥的效用很多很多：一方面整合上下游产业链，更多的合作渠道，更优的组合；一方面提高效率，用软件消化日常烦琐的管理；一方面扩大消费群的边界，只要有吃饭需求的都有机会接触到餐厅的推送信息；一方面与消费者形成互动，通过他们的口碑形成更广泛的传播。融入互联网，让餐饮服务直达消费者手边。

CHAPULÍN

本案设计由设计师及名厨联袂实施。古老的墨西哥美食与传统借助于现代的设计语言在空间中得到了展现。

初建所用建材、纹理为墨西哥本地产，包括曾经的国树材质橡树、胡桃木，瓷砖、水泥砖及西班牙塔拉韦拉砖。主玄关长长的廊道是对祖先"神洞"空间的模仿。所用 11 000 多个黏土瓦、90 多种款式，全由艺术家阿达斯在其工作室里手工制作完成。黑色的黏土墙如同向导，引领着客人入内的脚步。每一个空间也因此如同框景一般。

玄关刻意降低了高度，给人一种空间被压缩的感觉。餐饮区、平台、酒窖、洗手间开阔而轻松，豁然开朗。同时，玄关与招待室顶盖相互脱离。装饰用的数码马赛克万花筒般的形状由罗德里格斯亲手创作。

家具由室内设计公司 MOB 定制，不同的椅子、餐台都是采用胡桃木、橡木等等，件件细木工艺，件件与众不同。大厨台用西班牙塔拉韦拉砖铸就，但却给人以瓷质火炉的感觉。同样的建材运用于厨房的开放墙面。开放的态势吸引着客人入内一窥究竟。

灯具在本案中发挥着关键的作用。白天中的前景丝毫掩饰不住其逼人的美；夜晚中的几何内部别样美丽。两种气氛就是这样迥然相异。查普特佩克的森林景观曾经隐去，如今现身于眼前，让空间有了一种别致、自然的感觉。丛林的景观在"丛林"空间为墨西哥的传统唱着咏叹调。

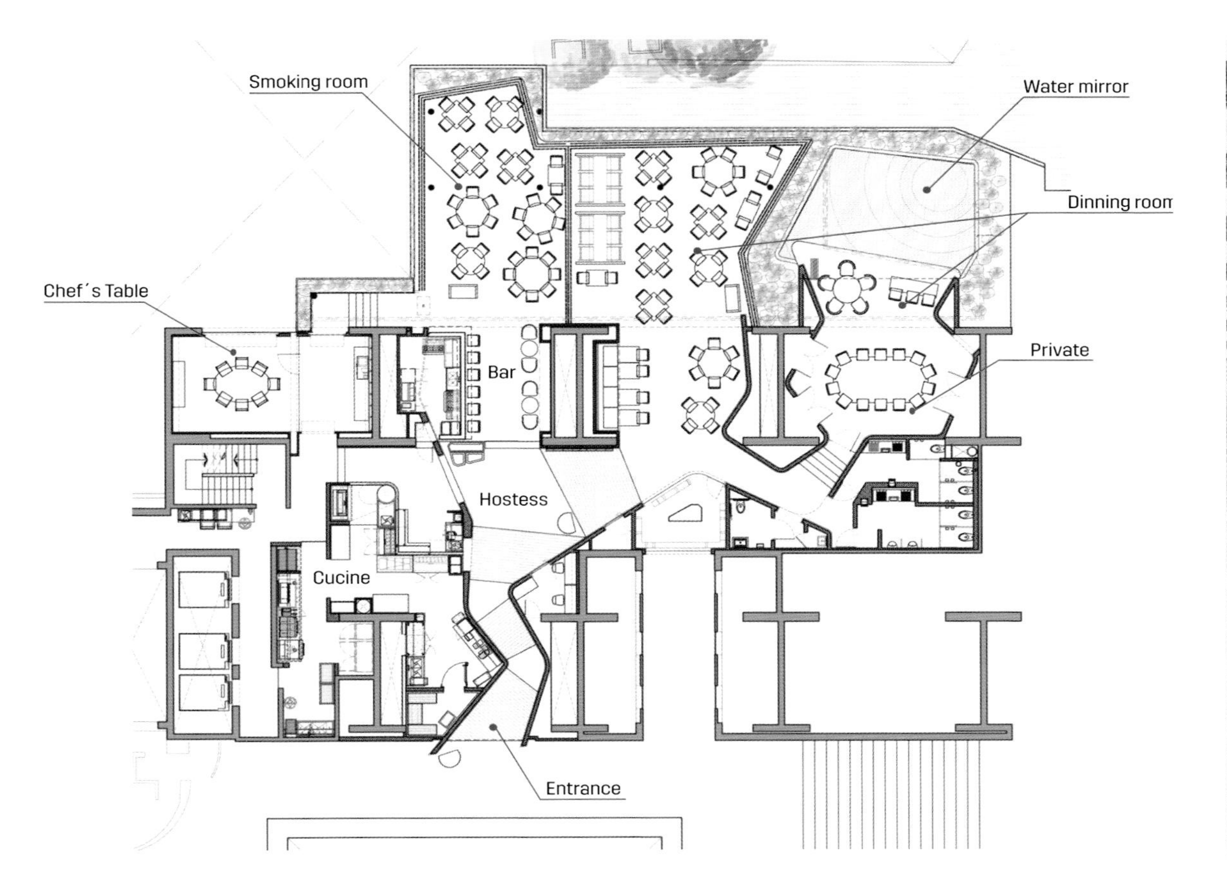
Smoking room
Water mirror
Dinning room
Chef´s Table
Bar
Private
Hostess
Cucine
Entrance

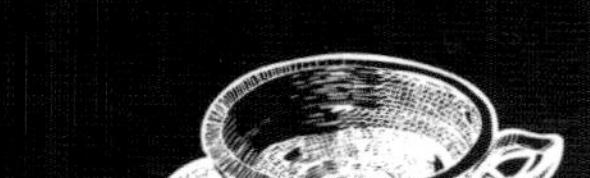

Villa De Bear

项目名称：曼谷
设计公司：派对空间设计
设计师：颂猜

如何运用微博做餐厅营销？

至 2015 年初，新浪微博、腾讯微博、网易微博、搜狐微博的注册用户已经突破 10 亿。微博户群也是互联网使用的高端人群，对新鲜事物敏感，购买力强。在微博上做营销有 4 大优势：1投入。免费注册就能使用。2. 本地化、实用化信息适合餐厅营销。3. 互动的便利性，可以让厅与消费者快速建立连接，及时了解消费者需求。4. 口碑易形成，并快速传播。

利用微博可以做以下 5 件事：1. 宣传，不要呆板述事，植入好玩的段子。2. 发布预告信息，新品推出、餐厅动态、打折优惠、活动预告等。3. 提供预订服务，包括餐位预订、包房预订送餐服务预订等。4. 进行信息推送，比如生日祝福、节日祝福、促销预告、传播优惠等。5展活动，从活动预告开始，到活动举行动态、花絮、进程、结果，过程中还可以请消费者参与互动点评、转发有奖等等，增加客户的黏性。

泰迪熊工厂故事的演绎与欧式的建筑融为一体，也成就了“泰迪熊酒庄”这可不仅仅是饭店的品位。整个空间分为三个部分。餐椅区横跨内外。接待区的设计非常别致，极大地迎合了镜头摄像品质的需要。空间着眼于泰迪熊工厂的全部生产流水线，如备材间、缝合间、组装间、打包间等。木质、钢材、混凝土、砖等材质有序地组成在一起，丰富着整体的设计理念。无论是木水槽，还是皮带传送带，到处摆满了憨憨的泰迪熊。变速杆的运用创造了一种欢迎的气氛：植物与人都在招呼着酒庄吉祥物“维利”熊。

282·GJA
WDA 970
085·WXW
B92 6WZ
LONG BEACH
RAV 240
Z59 7FV
THE MOMENT YOU
FEEL LIKE YOU
HAVE TO PROVE
YOUR WORTH TO
SOMEONE IS
THE MOMENT TO
ABSOLUTELY
AND UTTERLY
MADE IN
VILLA DE BEAR

如何选择光源和照射方式？（一）

各种光源的特点

按照光源的不同，光线分为荧光、白炽光、色光、烛光等。荧光，即日光灯，具有亮度高、的特点，但生硬、刺眼、缺乏美感，使人显得苍白，产品呈现灰色。白炽光，即我们常用的灯，亮度容易控制、自然，易于显示产品的本色，但寿命短且比较费电，使用成本较高。色用于特殊区域，如用绿光和蓝光照射水族箱，显得清澈洁净；用红光照射吧台或家具，显得柔照射凉菜柜中的食物能增加美观可口的感觉……但色光的成本较高，不宜大面积采用。

照射方式的分类

依据照射方式的不同，快餐店光线又可以分为整体光线和区域光线。整体光线是指照射大厅有区域的光线，区域光线是指对个别区域照射的光线，如吧台、操作间、餐台等。色光是区线常用的光源。

随着城市的发展，古迹文物已渐渐消失于繁荣的闹市内，而在金钟的前英军军火库，却得以被保存下来，成为了亚洲协会香港中心的餐厅。餐厅以 AMMO 为名，除了可解作弹药，配合原址的主题外，原来背后还蕴藏着深厚的含义。AMMO 也代表着 Asia 亚洲、Modern 现代、Museum 博物馆及 Original 原创，意思是指餐厅在这博物馆的文化遗址内，把糅合了亚洲与现代地中海的菜式带给客人，让他们感受独特的餐饮体验。

餐厅靠石坡而建，为配合主题，餐厅都以铜色为主，子弹、铜枪管制成的墙身，特别设计的旋转铜梯及丝网钢筋镶嵌而成的吊灯作为装饰，感觉打造得有如军火库，粗犷中带着型格。配上三边落地玻璃，感觉开扬，望着外边绿油油的植物景致，形成很大的对比。

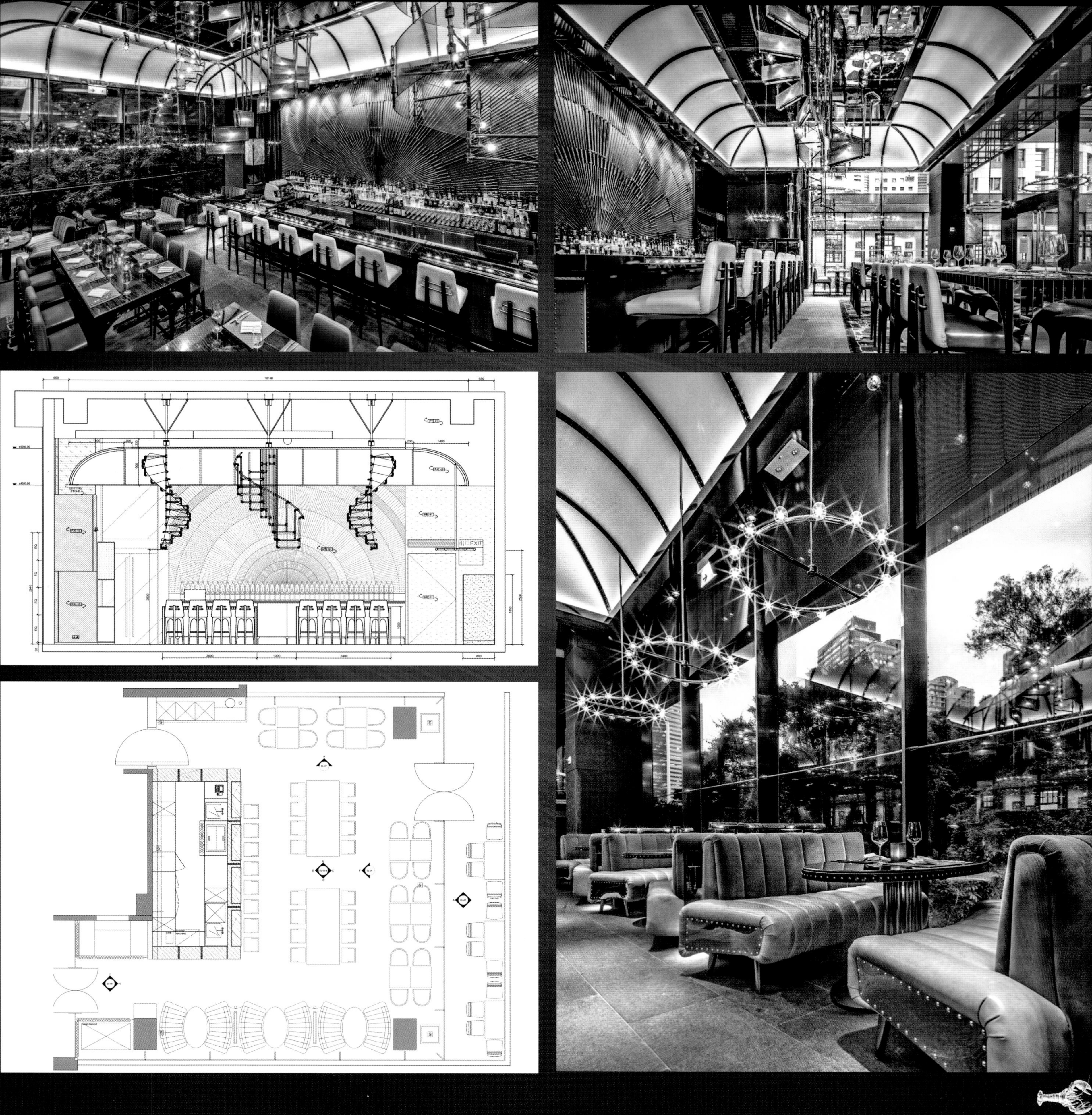

美食坊

设计公司：YOD 设计研究室
设计：弗拉基米尔
摄影师：安德烈

如何选择光源和照射方式？（二）

组合运用光源和照射方式

照射方式在设计时可以组合运用，如将整体光线变成几组区域光线的组合，这样既可以在顾客不多的时候关闭一部分光源以节约能源，降低费用；也可以通过关闭或调节一部分光源使快餐店的整体光线错落有致，富于变化；或使整体光线黯淡，突出区域光线，创造别有情趣的氛围。

光线强度的心理暗示

不论采用何种光源或照射方式，光线的强度是最根本的影响因素。同时，光线强度对顾客的就餐时间也有影响。据心理测试，黯淡的光线会延长顾客的就餐时间，明亮的光线则会加快顾客的就餐速度。

“美食坊”餐饮综合体，包含意式餐馆、意式食品店、生蚝吧。餐馆位于市中心历史街区。室内设计当然受制于硬性的环境。外卖窗、生蚝吧设于一楼。楼梯从店内二楼，经过一个冬日花园，直入二楼空间。文艺复兴时代的风格并合着现代的流行。“像素经典”的运用可是经过了层层实验。每个美食大厅映照着四季的变化。中庭大厅书写着夏季的情愫，里面装饰着真正的珊瑚、自然的石。生蚝吧是冬季的手笔，以后面的背景墙作为主打。复杂的墙体结构，底部有一个贝壳紧紧依偎。“秋”厅气氛与众不同，大大的圆形吊灯镶嵌的白炽灯泡多达 1350 个。与冬花园设相连的开放式庭院，是“春”的代表。

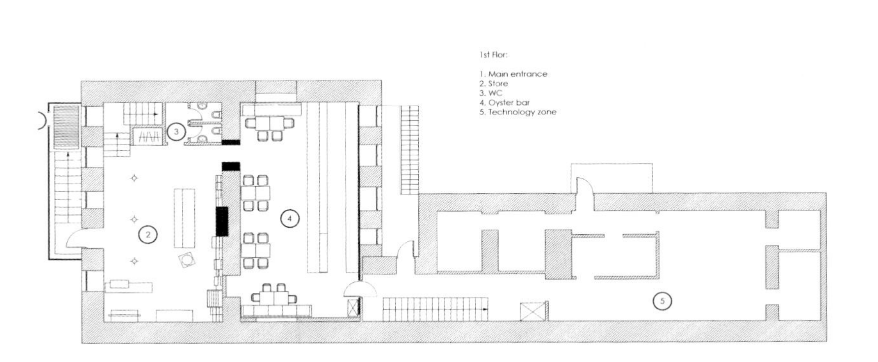
1st Flor:
1. Main entrance
2. Store
3. WC
4. Oyster bar
5. Technology zone

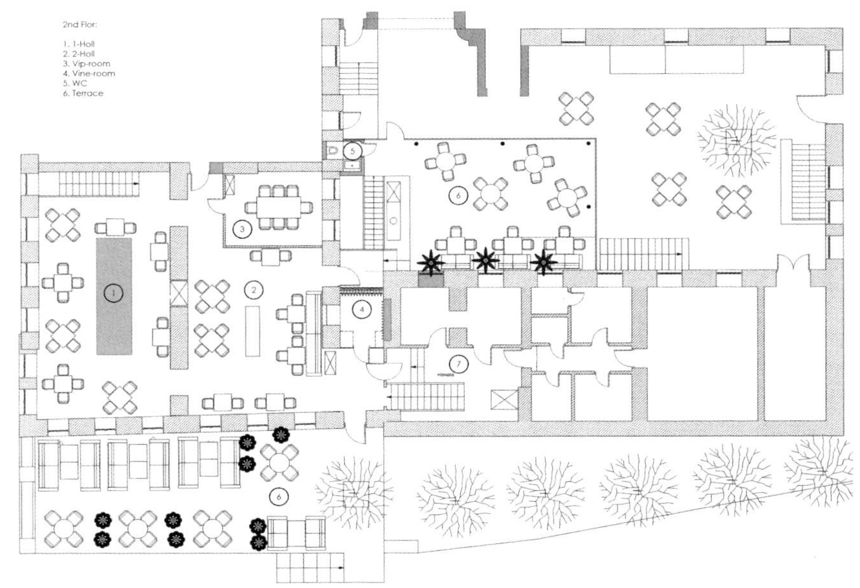
2nd Flor:
1. 1-Holl
2. 2-Holl
3. Vip-room
4. Vine-room
5. WC
6. Terrace

吃饱了

设计公司：MRT
设计师：颜呈勋

如何依据目标市场变化调整自身战略？

开餐饮店，对目标市场要有清楚的认知，知道目标客户群在哪里，留意竞争对手的出招。
不同的市场状况和竞争势态，有不同的应对策略。在竞争度大的市场中，采取差异性的策
或是密集型的策略，在竞争度小的市场中，采用无差异性的策略。比如阳朔出名的啤酒鱼，
乎每条食街都有，已经形成啤酒鱼产业。这是高度竞争化的市场，怎么做呢？家家都卖啤
的话，比哪家口味好、拿的奖项多、会宣传，这是差异性策略。还有的味道随大众，降低
走量，先圈住客人，利润再从其他产品中赚回来，这是密集型策略。

吃饱了 by 申活馆 是《申》报旗下的生活美学应用商店。店铺入口处的爵士白石面柱上挂放着“吃饱了”的镂空钛金片，并且用内发光的形式点亮这一主题。意图引导这一生活状态后还可以发生的事情。

“吃饱了”以爵士白石面柱为背景，并置身于自然的实木空间内，为 光临的顾客营造出轻松、优雅的生活氛围。整体环境以简洁的白色为基调，在爵士白石料的操作台面、钛金与木料结合的陈列家具、现代织物座椅、镂空金属灯具的交错运用中，结合木质和水泥两种地面，创造出一个兼具文化质感与天然素朴的复合生活空间，带来“生活”状态的自在、闲适与愉悦。

设计将原有复杂的空间格局加以整理。入口处的柱体，通过”形体和材料”与吧台的结合，使其融合为一体。空间的进深，通过踏步太高的引导和功能布局的分配，使客人们通过体验的趣味性减小“进深长”的感觉。咖啡区与教室式吃区之间的间断墙与主体，通过玻璃的虚隔和空间的高低层次，从视觉的丰富性上加以处理。教室区吊顶上的排油烟设备，通过顶棚形体与墙面的圆角处理，使其融合为一体。结合墙面的材质，辅以灯光的效果，使得教室区带有一种纯净和格外的仪式感。而教室试吃区的空间形式在某种程度上为这种感觉做了延续。整个空间相互贯穿和影响，带来“生活”状态的丰富体验。

不同材料质感的碰撞结合的可能和立体墙面材料的运用，丰富着空间的细节，创造出一个精致的、优雅的、多元的生活美学应用商店。

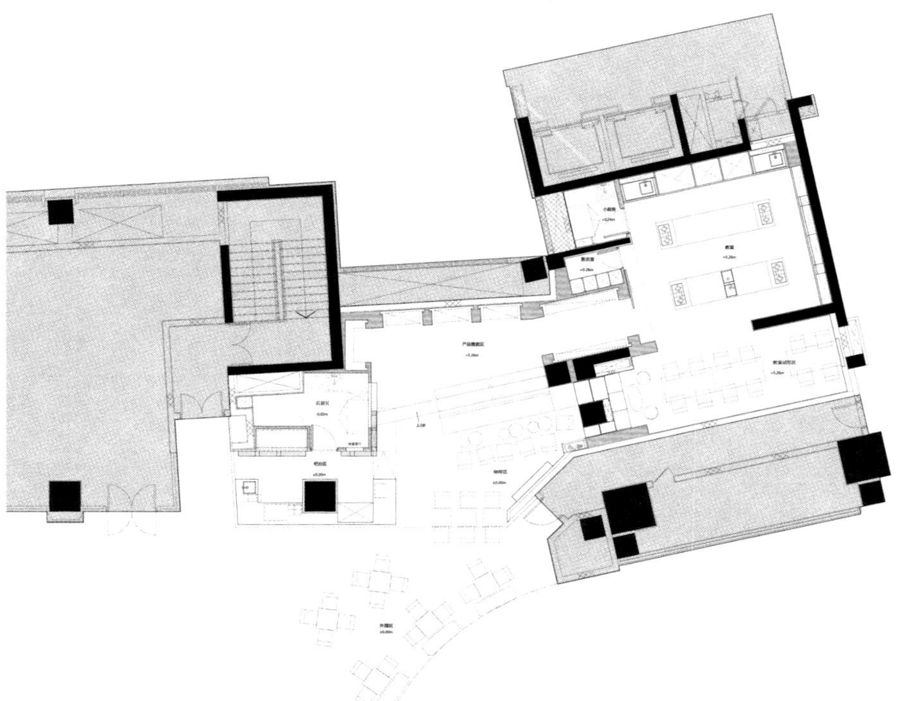

个性
飞扬
Personality
Flying

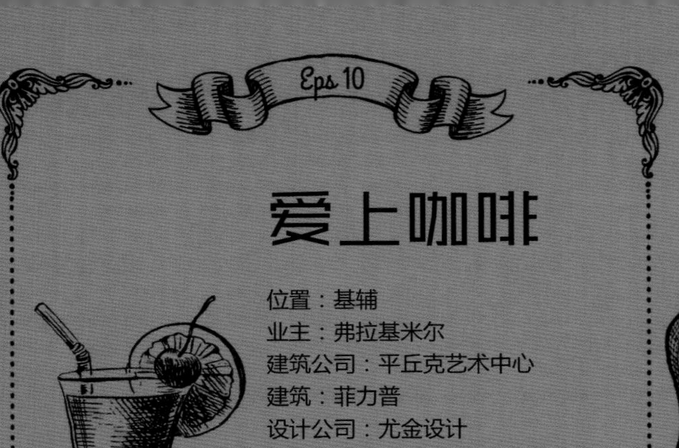

爱上咖啡

位置：基辅
业主：弗拉基米尔
建筑公司：平丘克艺术中心
建筑：菲力普
设计公司：尤金设计
设计师：亚历山大、费拉基米尔
摄影：谢尔盖
面积：190 平方米

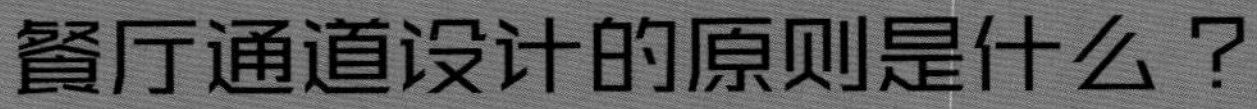

餐厅通道设计的原则是什么？

通道和动线设计是餐厅装修设计的一个重点，作为服务员和顾客的必经之路，其在整个设计中处于相对重要的地位。总的原则以“流畅、便捷、安全”六字为主，尽量避免出现弯曲线的出现，两点之间直线最短，不仅方便了顾客，同时也能最大限度地减轻饭店服务人员的疲劳。

“平丘克艺术中心”位于基辅历史建筑综合体。该综合体在 21 世纪初期经历了重大修整。该艺术中心无论是建筑设计还是室内设计，皆由法国设计师菲力普担当。空间共有 6 层，其中 4 层用作展览，总面积达到 3000 多平方米。顶层设有视频休息室、咖啡馆。

但凡公共空间，所在位置非常关键。对于业主而言，本案依然。其本人倾向以具有标志性的地点来彰显品牌特点。因此，本案的地点——正对着圣·尼古拉斯教堂及位于“平丘克艺术中心”恰恰说明了这一点。

艺术中心六楼的咖啡馆便是本案“爱上咖啡”。设计以“类似于艺术品而不解构”为理念，同时空间的实用性得到了加强。进入空间，即可感受到餐台面向窗户的强烈意向。因为酒柜坐落于空间的扶手之上，座位因此得以增至 100 个。坐在高高的吧凳上可以观窗外宜人的景色。低矮的沙发、椅子与人除了舒适还是舒适。空间的中央摆放的厚实的皮坐垫、桌子、圆墩恰形成“岛柜”。紧贴吧台，一张大型餐桌，足以同时供 8~10 名客人大快朵颐。

设计初始，首家“爱上咖啡”的室内设计理念原本继承运用于空间，但囿于和谐，设计不得不另辟蹊径，寻求与他人合作，终至室内设计之和谐美满。桌椅灯盏、花盆器皿皆源于“地中海东岸式”的设计。诸种设计及书本分布在空间各处，天然而成装饰。中央处摆放的咖啡机，极具传奇色彩；几种咖啡研磨机，都是品牌大腕。

家具灯盏用材极尽白色的金属棒、轻质的木材。德国设计师康师坦丁·格里克设计的几把椅子，也涂上了白色。

100
INTERIORS AROUND THE WORLD
GREEN
TASCHEN

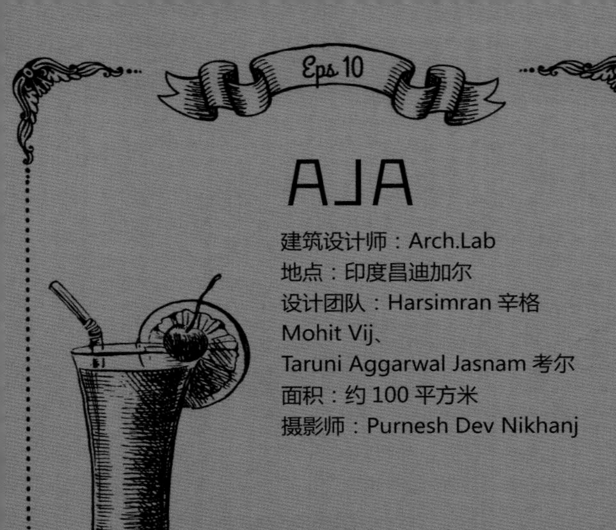

AJA

建筑设计师：Arch.Lab
地点：印度昌迪加尔
设计团队：Harsimran 辛格
Mohit Vij、
Taruni Aggarwal Jasnam 考尔
面积：约 100 平方米
摄影师：Purnesh Dev Nikhanj

规划餐饮店前厅动线要考虑哪些因素？

餐饮店前厅对于顾客和餐饮店本身而言都是非常重要的，其面积的大小在一定程度上能影响到双方。但在考虑面积的同时，也需要考虑其他方面，比如前厅的通道和动线的安排是否合理，尤其是体量较大、餐桌椅较多的大型餐厅，这一点对于餐饮店服务员的影响比之顾客要大得多，过于弯曲复杂的通道和动线不便于服务员上菜等工作的开展。原则上尽量选择直线，而且在方便顾客和服务员人员走动的同时，也能最大限度地降低、减轻工作人员的疲劳强度。

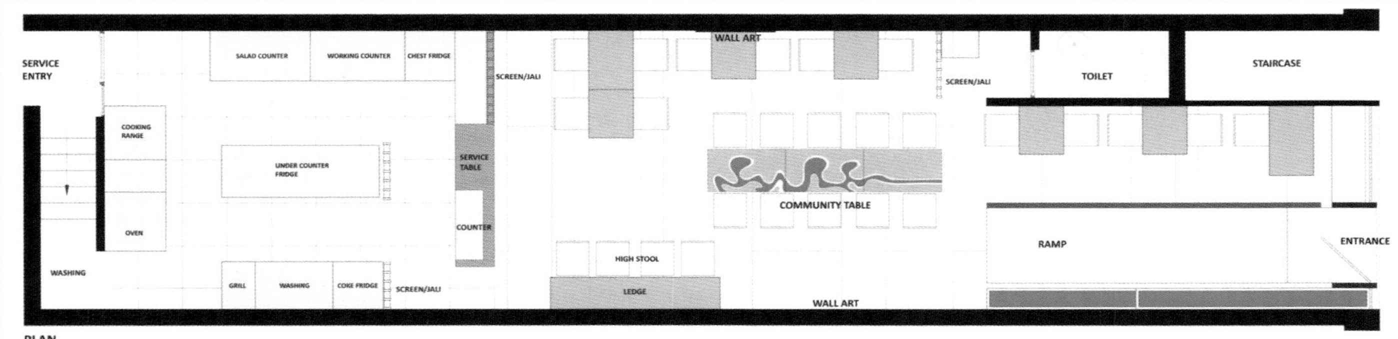

AJA 试图通过在熟悉的城市环境中打造一个令人意想不到的景观来创建有趣的体验。餐厅位于印度的一个城市 Chandigarh，由 Arch.Lab 设计打造。

设计师将餐厅设想为一个自然与艺术融合的空间，创建出一个独特的环境，反映了城市的特征。空间同时也被设计成有利于互动、交流的地方，从而使整个空间体验更富有意义。AJA 通过将自然与建筑的独特融合，为人们提供了一个前所未有的空间。整个空间下陷，将其“生理”“心理”与室外环境分离。斜坡作为两个环境之间的桥梁，实现从室外向室内的过渡。人们穿过室内的植物花园，香气与风味的视觉及味觉的感受被唤起。

众多材料中，最重要、最明显的是使用混凝土创造出一个整体的印象。“新型街区”艺术为空间增添了温暖感，所有不同高度的木块被分别放置，创建出空间所需的三维表达及木纹理的自然游戏。整个空间家具的设计和开发配合了餐厅特殊的个性，共同创造了一个独一无二的景观。

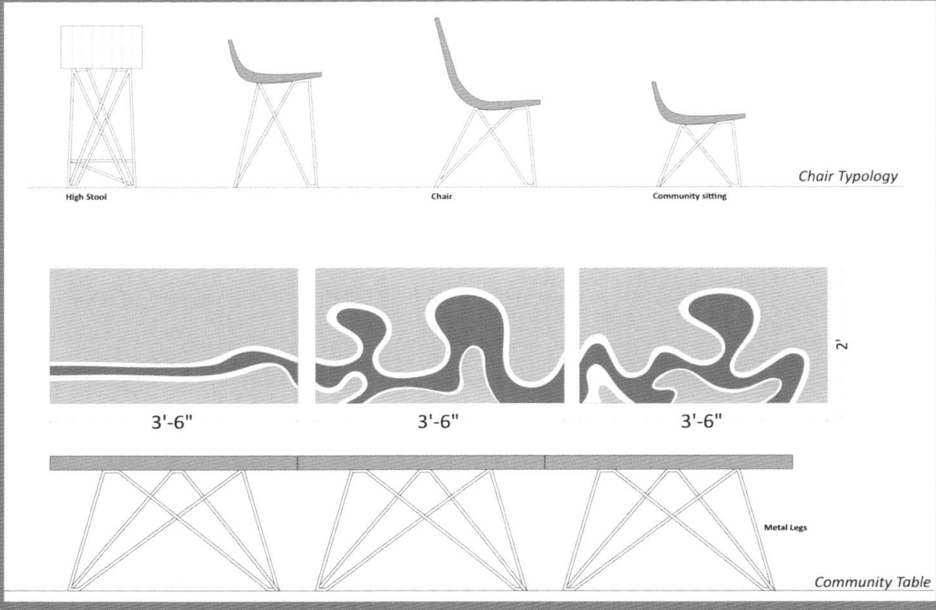

Chair Typology
High Stool
Chair
Community sitting
2'
3'-6"
3'-6"
3'-6"
Metal Legs
Community Table

MAKE THE STRIVE FOR PROGRESS.
EAT EXCERCISE STAY FIT
WORK HARD & SUCCESS MAKE ALL THE NOISE.
BE PREPARE BE YOURSELF BE GENEROUS.
ENHANCE PURSUE YOUR PASSION.
THE FUTURE DEPENDS ON WHAT YOU DO TODAY.
ACT SMART, DO IT NOW SEEK LOVE, SPREAD LOVE.
GLORY COMES FROM DARING TO BEGIN.
THINGS TAKE TIME SO BE PATIENT AND KEEP WORKING.
MAKE BOLD MOVES, NEVER QUIT, ALWAYS LOOK UP
KEEP CALM STAY HUMBLE

BREAD

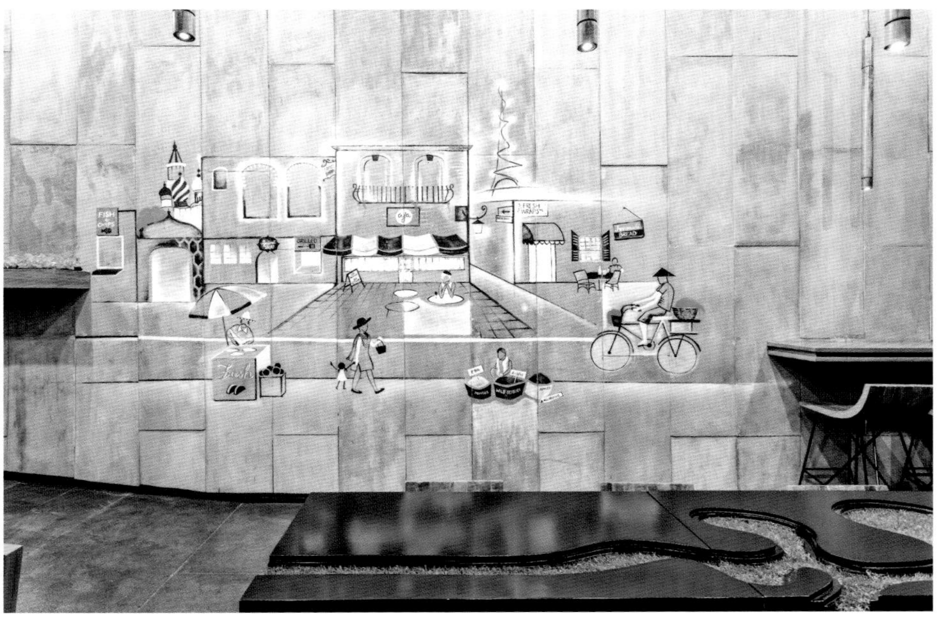

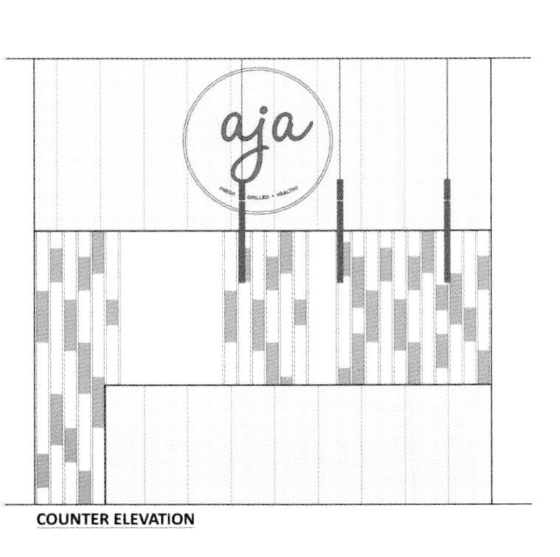

COUNTER ELEVATION

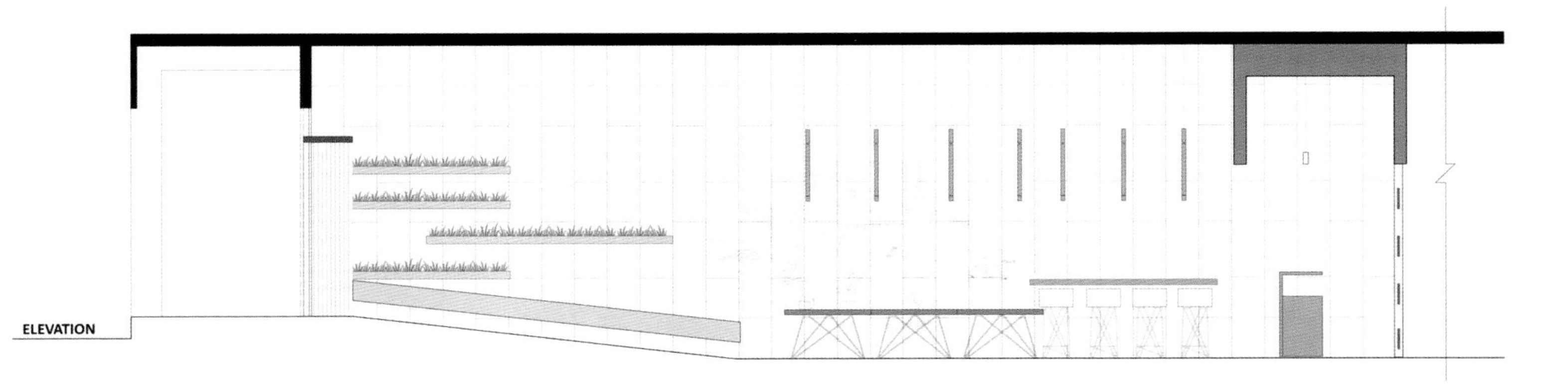

ELEVATION

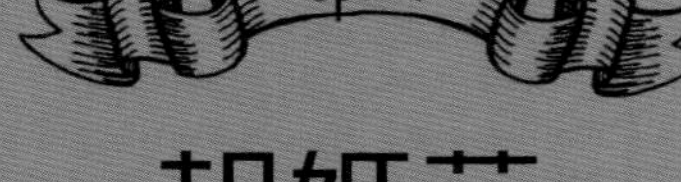

胡姬花

设计单位：王泽源设计师事务所
总设计师：王泽源
项目地址：福建南平
项目面积：480 平方米
主要用材：花砖、磨砂玻璃、角钢

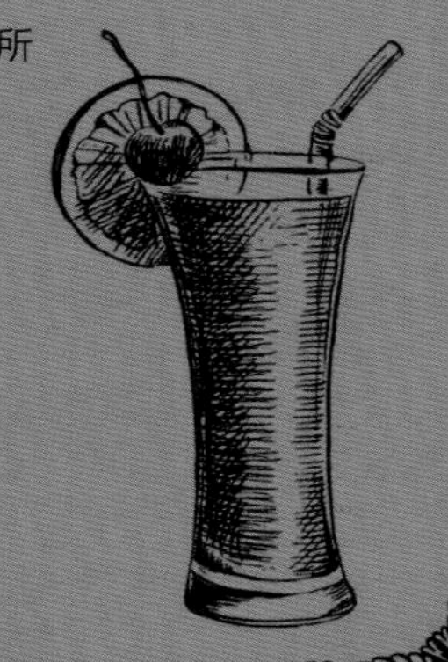

大型餐饮店大厅如何布局？

体量较大的餐饮店，除了基本的大厅以外还设有雅间包厢。大厅要合理布局，首先要有合理的分区，其次要将大小餐台合理配比，将落座人数较多，较为吵闹的大餐台与人少安静的小餐台加以分隔，做到动中有静的同时，也不会相互影响。大厅内会被分隔为许多不同的小分区，这些小分区内都应有独立的备餐柜，尤其在点餐较为繁忙的时段，一般要求服务员除非万不得已，否则最好不要跨区取用餐具，因为这样做不但无法及时为顾客提供服务，还容易和来回走动的顾客和其他服务员发生碰撞。

餐饮店的大厅内或多或少都会存在多条通道，以供服务员和顾客通行，一般情况下以饭店门口为通道的起点，然后利用墙面或是别的装饰来引导顾客如何走，这些都是较为常见的，还有一种利用吊顶来作为引导的方式。

设计师在面对每一个空间个案，喜欢在设计里带入新鲜材质，以天马行空的创意，将多样的元素与传统材料结合，赋予空间新的视觉效果，再结合特有的材质元素，打造出不同类型的独特的餐饮空间。

新加坡是梵语“狮城”之谐音，由于当地居民受印度文化影响较深，喜欢用梵语作为地名。而狮子具有勇猛、雄健的特征，故以此作为地名是很自然的事。与之相对应的国花则是胡姬花。胡姬花是一种生于山中的野生植物，也是少见的婀娜多姿的花卉之一。它性格刚强，生命力旺盛，喜欢随处寄生也随处生长，漫生怒放之时，很容易从一株变成一大片，所开的花朵可长达数月不凋谢。

狮诚记
狮诚记
狮诚

设计师则很巧妙地把胡姬花的氛围融入在了餐饮空间中，在紫色灯光的弥漫中，胡姬花漫生怒放，散发出强烈的生命力，穿透餐厅的每一个角落。

在这样氛围的基调上，设计师在一楼设置迎宾入口，地板用大量花砖拼接，拼接的过程中打破了传统的顺序拼接，花砖因不同的拼接变得多样和有趣，加上设计师在花色上的选择以白色为主，黑色与浅褐色点缀为辅，同墙面的灰色形成强烈的对比，同时呼应吊顶用大量汤匙悬挂成的巨大四边形吊灯装饰。楼梯花砖铺设，阶梯式地向上延展，楼梯底下用蓝紫色灯光制造出浪漫的气氛，设计师用天马行空的创意制造迷幻而浪漫的氛围，时尚感十足，耀人的灯饰、着色，迷幻着每位新入场的宾客，仿佛进入紫色的花园岛国。

吊顶大面积的汤匙装置效果很好地表达了设计师利用特殊元素延展空间层次，用蓝紫色灯光分隔用餐位，凸显了材料的质感与设计的精心，使客人在整个用餐区内分外轻松愉悦。餐厅墙面标志性的汤匙发散装置，起到了很好的点缀效果。

蓝色、紫色和红色在餐厅的布局、磨砂玻璃地面以及支撑玻璃的角钢几何形中营造出迷离的梦幻色彩。精选的餐桌运用更是增加了设计细节，为客人提供了不一样的用餐体验。

e9 音乐餐吧

设计师：张国栋

主要材料：清水泥、清镜、黑钛金、黑胡桃原木

餐厅如何与时尚同步？

美食文化像服装潮流一样每年都在创新变化，如何紧跟时尚潮流，与时俱进呢？

“时尚”，从字面上来讲是人们在一段时间内比较崇尚的事物或者是生活方式。

若说时尚，在餐厅的品牌包装设计上比较容易实现良好的效果，而在菜品口味上创新、服务创新、营销创新、硬件创新、科技创新都有机会与时尚同步。

宴 遇 小 课 堂

本案位于慈溪，是绿城慈园的邻街商铺，面积为 300 平方米。设计师采用山水倒影元素，创造出自然、轻松而又时尚的空间。

建筑外体为欧式格调，显得有些庄严正统。而设计师所要做的是将其打造成为一家富有个性创意的主题餐厅，主营休闲西餐和茶点。让步入店内的顾客能够感受到空间的自然、轻松，而又不失高雅与时尚之感。

首先，通过整个餐厅橱窗式的效果体现，透过建筑大面积的门窗，就能让我们望见整个餐厅的格调，使我们在 10 米外甚至更远的地方就能感觉到这是一个放松、惬意的去所。通过将内外空间充分贯穿融合，就将视觉上的美感带给与它擦肩而过或深入其间的人们。

其次，设计师为呈现自然、轻松的氛围感，他在餐厅的空间设计上融入了对于“树、云、山、水”的理解。望其餐厅顶部的装置艺术，设计师将四者间的演变贯穿于整个餐厅。更为巧妙的是，通过它的高低错落，无形中还肩负起了人流导向的功能，告诉往来于餐厅的客人那里是他要去的位置。

最后，值得一提的是设计师在材质运用和施工工期上也做了很大的考虑，他通过运用清水泥、清镜、黑钛金作为主要基础材料，不仅大幅度提高了施工的工作效率，也进一步衬托出顶面装置与餐厅家具所呈现的交融之美。

Eps 10

咖啡 & 书店

设计师：Plasma Nodo 设计事务所设计
地点：哥伦比亚安蒂奥基亚省麦德林市
面积：120 平方米
项目完工：2015 年
摄影师：丹尼尔、Mejia

搭建品牌系统从哪几个方面着手？

1. 项目评估系统：项目评估、市场调研、项目赢利分析。
2. 品牌定位系统：品牌定位分析、品牌属性分析、品牌调性战略、独特价值分析。
3. 品牌战略创意系统：产品出品创意、主打菜文化创意、品牌命名、品牌广告语、品牌调性创意、品牌主题创意、品牌文案、品牌故事。
4. 品牌形象设计系统：品牌视觉系统、店内装饰元素、店面空间设计、品牌网站设计、品牌微网设计、店面工程执行。
5. 品牌传播系统：品牌公共传播、线上推广维护、店内营销活动、品牌微营销。
6. 品牌连锁加盟：品牌招商加盟、品牌连锁标准化。

7 月初，哥伦比亚麦德林市新开了一家特别的咖啡书屋，名称就叫“9 3/4 咖啡书店”（“9 3/4” Cafe & Bookstore），取自《哈利·波特》系列的 9 3/4 车站之典故。

9 3/4 书店由 Plasma Nodo 设计事务所设计。设计师希望书店成为人们（尤其是有孩子的家庭）聚会、社交的场所，为父母、孩子营造温暖、舒适的氛围，并在此享受共读的乐趣。

书店拥有 120 平方米的两层空间，与一般的咖啡馆或书店不同，这里的空间针对儿童做了专门的优化，成年人也能在此寻得乐趣。

空间色调以明快的浅色为主，吊灯采用糖果色，书架有高有低，手工台上摆满了画笔、颜料、彩纸，处处的细节都显出设计师的精细用心。

尤为特别的是六角形的隐蔽空间，为儿童提供了“藏身之处”，在这个容纳两人绰绰有余的地方，他们可以享受自己的私人阅读时间，也可以邀请朋友一起读书。

或许是因为自身从事创意工作的缘故，主持设计的 Plasma Nodo 团队相信最好的点子与对话少不了一杯上好的咖啡，同样，科技虽然可以做非常多的事，但永远取代不了一本书所能激发的魔力。

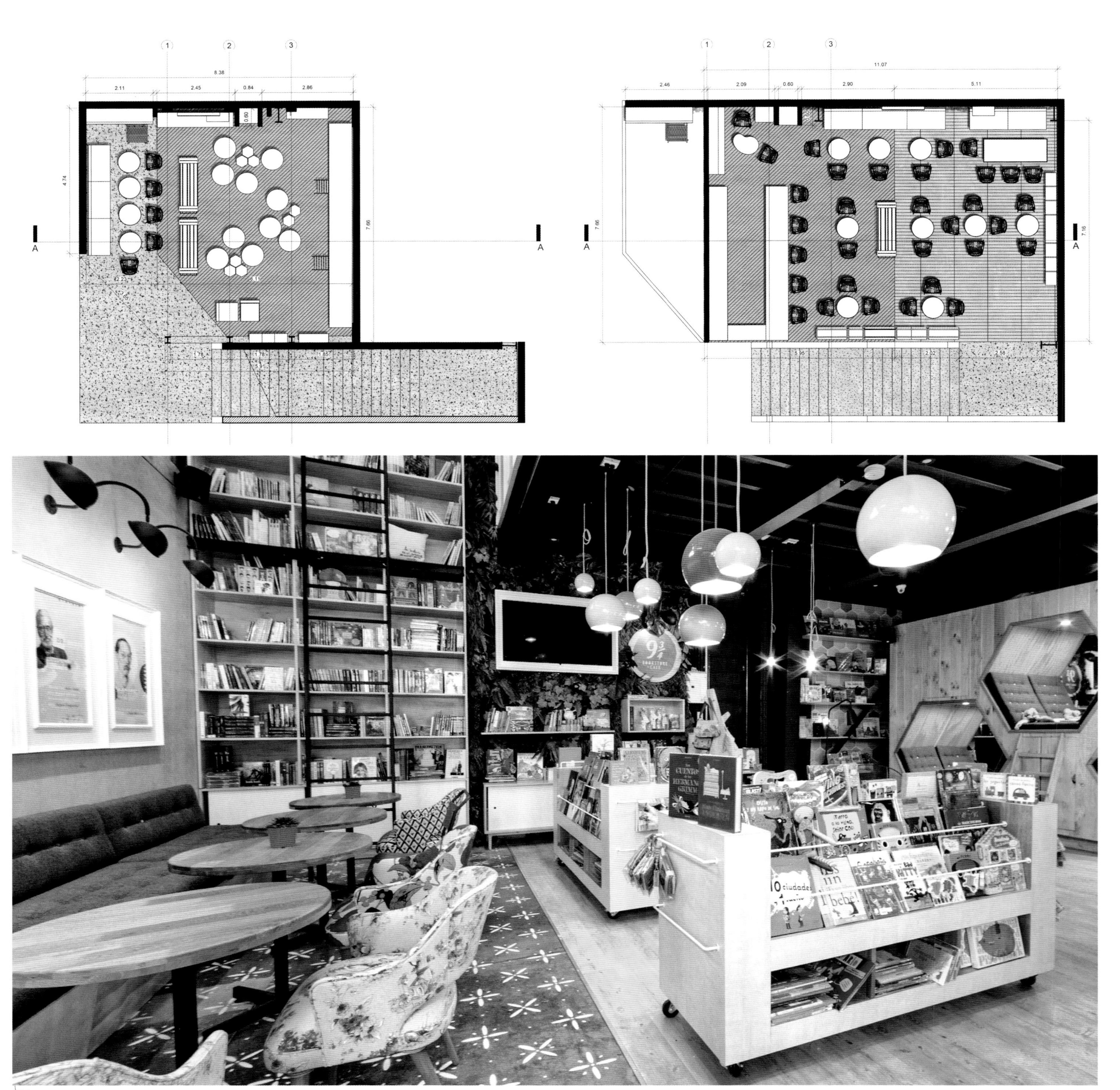

LEWIS
POTTER
Animales
plantas
tetas

Eps 10

派咖啡

项目地址：福建省福州市晋安区福马路
设计单位：道和设计机构
主创设计师：高雄
设计时间：2014 年 8 月
开放时间：2015 年 5 月
建筑面积：64 平方米
主要材料：灰色仿古砖、木纹砖、聚酯漆、雅士白大理石、灰镜、方管

宴 遇 小 课 堂

何为俗，何为雅，餐饮形象如何选？

俗，是源自平民百姓的饮食文化，它从大众中诞生，在大众中发展流传，不仅有着相对坚固和稳定的群众基础，还有着悠久的历史，主要分为民俗、心理和审美这三个层次。

雅，诞生于上层社会统治阶层，比起俗文化的三个层次，雅文化则上升到了哲学、艺术、科学和物质这四个层次。不再是满足吃饱和吃好这两个基本的需求了，而是升华到了与自然、艺术、哲学、社会、健康等，体现了人们对于“色、香、味、意、形、质、趣、器、境”的崇高追求。

俗和雅并非不可调和的两个极端，俗得亲切，俗得爽快，适合地方口味的餐厅包装。雅得有节，雅得清静，适合文化类餐饮品牌，没有地域之分，适合更多的消费人群。在确定了一个方向之后，加一点俗的特色、雅的细节，也能调和出品牌特色的味道。

“派咖啡”，简洁界面的设计，材质的选用应尽可能简单，这样才能更清晰地表达空间设计的意图。简单的形式和材料成就纯粹的空间氛围，并使空间产生张力。设计中不刻意追求材料的豪华和变化，而着重几种特定材质的相互穿插运用，以形成空间的有机感和丰富性。单纯材质的延续使用可使空间更具整体性。材料的天然特性是设计的基本语言形式，其选择应在体现实用功能的同时保持材质的天然质感和肌理效果。光和影的变化赋予室内空间以生命；塑造、影响着空间的氛围；决定着空间的品质与深度。设计中光照的研究与得当运用，是我们设计工作的重要方面。只有光线、空间、材质三者良好契合互动，才有可能产生优秀的空间效果；只有当光的诗意和空间的画意融为一体，光的效果与画意的空间融合才能真正得以实现。咖啡厅运用灰色仿古砖、木纹砖、雅士白大理石、灰镜、方管、游离在现代与古典二者之间，线条感极强的顶棚给人营造前所未有的穿越情愫。就餐区、厨房和咖啡厅使用光滑的木纹砖铺装，每块木纹砖都有它的故事；开放式厨房用灰铜色的玻璃屏风分隔，让每一位食客在品咖啡的同时，又能领略到它原始的香醇......

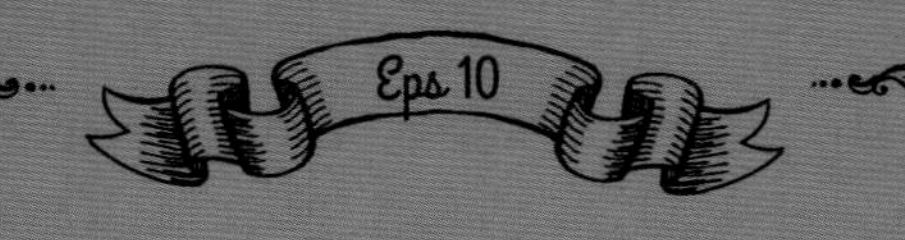

面包卷 1 号店

位置：俄罗斯
设计公司：奥拉斯设计
设计师：阿特米
摄影师：阿特米
面积：120 平方米

宴 遇 小 课 堂

为什么要打造主题餐厅？

在各色菜式极丰富的今天，只是在特色菜式上做文章还远远不够，还要形成自己的主题特色与品牌个性，才能将跟风模仿者远远抛在身后。

主题餐厅有别于传统的特色餐厅，除了有自己的特色菜式，还必须注重主题文化的深度开发，借助餐厅装修突出主题特色和营造主题气氛，以及独特的营销语境，打造出与众不同的餐厅。

“面包卷 1 号店”，都市中的咖啡馆，以其优雅、创意的环境邀请人们置身其中度过一段闲暇的时光。个性的理念，现代的风格，革命性地集传统、可更新用材于 120 平方米的空间内，看上去那么令人激动。色彩斑斓中，折中式的时尚如在欢呼庆祝。古老的农家舍院华丽地转身为现代的家居空间。别致的玻璃吊顶、回收利用的木部件和谐地统一于现代的内饰里。

空间划分齐整。各区域以色彩、质地界定。不同凡响的吊顶风格，循环利用的木材，气场颇为强大的灯具，舒服、轻质中性色调的软包，别出心裁的墙面装饰，诸多的玻璃构件跳跃式地摆放于空间中，给人一种高、大、上，诱人与漂亮的感觉。

不同设计理念的运用铸就了本案与众不同的设计。非凡、不同寻常的光色内里色彩、质感与设计混搭着各种艺术品，打造出一个又一个新颖的原创空间。

回收利用的木件、钢构，现代的用材，意想不到的设计，生机盎然的域调让现代的内里设计如同艺术大作。困惑于时尚选择的客人，这里正好提供了兼容并包的风格。种种风格的搭配让内里充满了个性、吸引力及别样的氛围。

本案的风格是实验，取决于个人的创意与品位。欣赏着这些现代的内里设计，撷取一份适合自己家装的灵感，会让家居的空间变成精彩、亲密的起居间。折衷的时尚是一种极好的选择，是对已知内里设计理念的恰当运用。

Steak
Pasta
Burger
Sushi
Salad
Pizza
Mojito
Coffee
3W69-20

Menu
FRAGILE

3W69-20
FRAGILE

Menu
Food:)
Dinner
BREAKFAST
GOOD
COFFEE
DESSERT

Sorry
CLOSED
HOME
Coca-Cola
DRINK
CAFE

Newsweek
TELEVISION
CELEBRITY
100
PICTURE STORY

哈钦森餐厅

设计公司：Relativity Architects
设计师：Tima Bell
顾问 / 建筑师：Scott Sullivan
项目面积：558 平方米
主要材料：木材、皮革、蜡染
摄影师：Rashid Belt

宴 遇 小 课 堂

如何打造一个运动主题的餐厅？

以运动为主题的餐厅，除了以热量较少的健康菜品当做卖点外，还能将一些既适合室内玩又不会太过复杂的轻松运动项目融入餐厅中。举个例子，比如可以设置一些桌面足球、篮球投篮筐，或是迷你高尔夫球等项目，通过计算进球数给顾客相应的折扣，一方面可通过折扣提升顾客的用餐积极性，另一方面也能把直白的折扣优惠通过这种更为有趣的互动方式让顾客接受。此外，作为运动主题餐厅，也能配备一些例如拳击测力器、握力计、飞镖、桌面足球等小型运动项目，作为吸引顾客的手段。但这些对于餐厅的占地体量有一定的要求，如果无法放置那些体积较大的运动设施的话，不妨采用游戏机的方式，XBOX、PS 等游戏设备现在都有着大量运动游戏，可以作为辅助和补充手段。

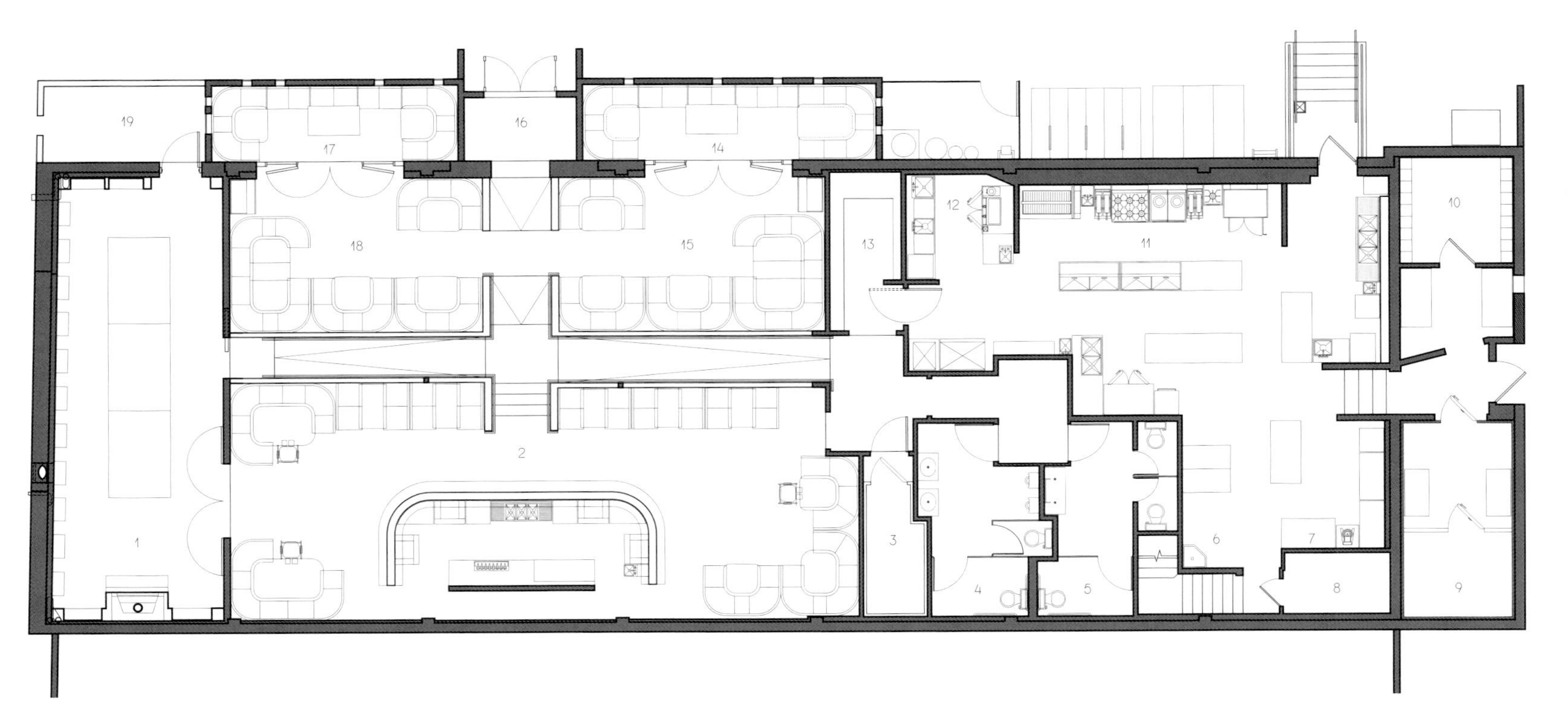

哈钦森餐厅的设计灵感来自于业主的祖父以及他在印度尼西亚和美国西部的历险经历。设计者巧妙地运用个人的收藏，手绘壁画和来自印度尼西亚的手工艺品（这其中包括 300 个仿古铜蜡染）来表现他在世界各地的行程。凹凸的皮质座椅，错综复杂的木匠工艺和亲密暧昧的灯光效果，营造出餐厅整体的氛围。

Green
绿色
生态
Ecology

Eps 10

宝缇嘉餐厅

项目名称：宝缇嘉餐厅
位置：雅加达
设计公司：爱因斯坦联营
设计师：爱因斯坦
面积：300 平方米

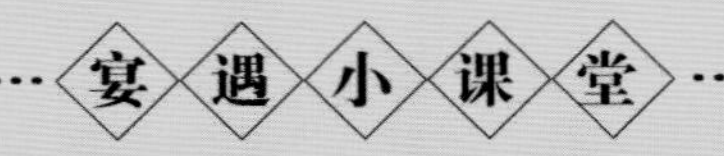

什么是 CIS 系统设计？

CIS 是 Corporate Identity System 首字母的缩写，意思是"企业形象识别系统"。CIS 系统是由 MI（理念识别）、BI（行为识别）、VI（视觉识别）三个方面组成。在 CIS 的三大构成中，核心是 MI，它是整个 CIS 的最高决策层，给整个系统奠定了理论基础和行为准则，并通过 BI 与 VI 表达出来。所有的行为活动与视觉设计都围绕着 MI 这个中心展开，成功的 BI 与 VI 就是将企业的独特精神准确地表达出来。对餐厅来说，CIS 是企业形象及品牌形象的统合，MI 是思想理念观点，VI 是眼睛能看到的部分，BI 是行为活动，相当于人的大脑、眼睛和手脚。

“宝缇嘉餐厅”位于印尼雅加达金三角，商业极为繁华的地区。空间极尽最新欧式风格及现代笔触。精心挑选的设计理念“甜蜜生活”，意味着“新生活”。内里的奢侈、优雅，以工业化的设计为黏合剂。建筑量体位于银行金融区，是一栋独立的建筑。鉴于周遭办公楼林立，建筑模式雷同的情况，本案设计旨在给人一种清新风，提醒人们对“甜蜜生活”的追求。

“钢、古铜、黄铜、水磨石、木材、马赛克”是空间给人的第一印象，也构成了运用于整个空间的六大要素。乐于用餐时吸烟的人们可坐于室外。室外就餐区由公共空间、餐饮区组成。周围园林山水，风景秀美。主餐饮区、酒吧皆设于室内。

行走于左手梯台，可见户外餐饮区的公共餐台。孔雀毛纹理般的马赛克台面，下垂的长丝灯构成了空间的焦点。圆形的古铜色沙发是狭长、线性户外的终点，化妆室、洗手间也因此得到了界定。右手边是室内的主餐饮空间。同样狭长的外形促成了坐席区如户外线性般的设计。蓝色孔雀毛纹理的地板蔓延在主餐饮空间。黄铜色的厨房立面，位于主餐饮区的尽头。古铜色沙发的右边是优雅的酒吧。左边，大大的开窗划分着酒吧轻食区及主餐饮区。万千的长丝灯泡随着半碗形的银色灯泡成为了主餐区的焦点。夜晚时分，幽暗的灯光，散发着浪漫的气息。

墙面上、地板上、桌台上使用着一些意大利马赛克。纹理的选择延续着孔雀、花卉的纹理。除却吊顶、沙发、厨房立面，纱窗、公共大桌同样使用着古铜色。室外的用材，有“人”字形的木材、花岗岩、深蓝色的石头。户外的餐饮区以玻璃穹顶作为华盖。建筑的立面则以亚光的钢板作为装饰。

通过融合“钢、古铜、黄铜、水磨石、木材、马赛克”与时尚建材，空间突然变得漂亮。万千用材不仅富于变化，还做到了表面的精加工。高光的是黄铜与古铜；本色的则有钢、木及石头。

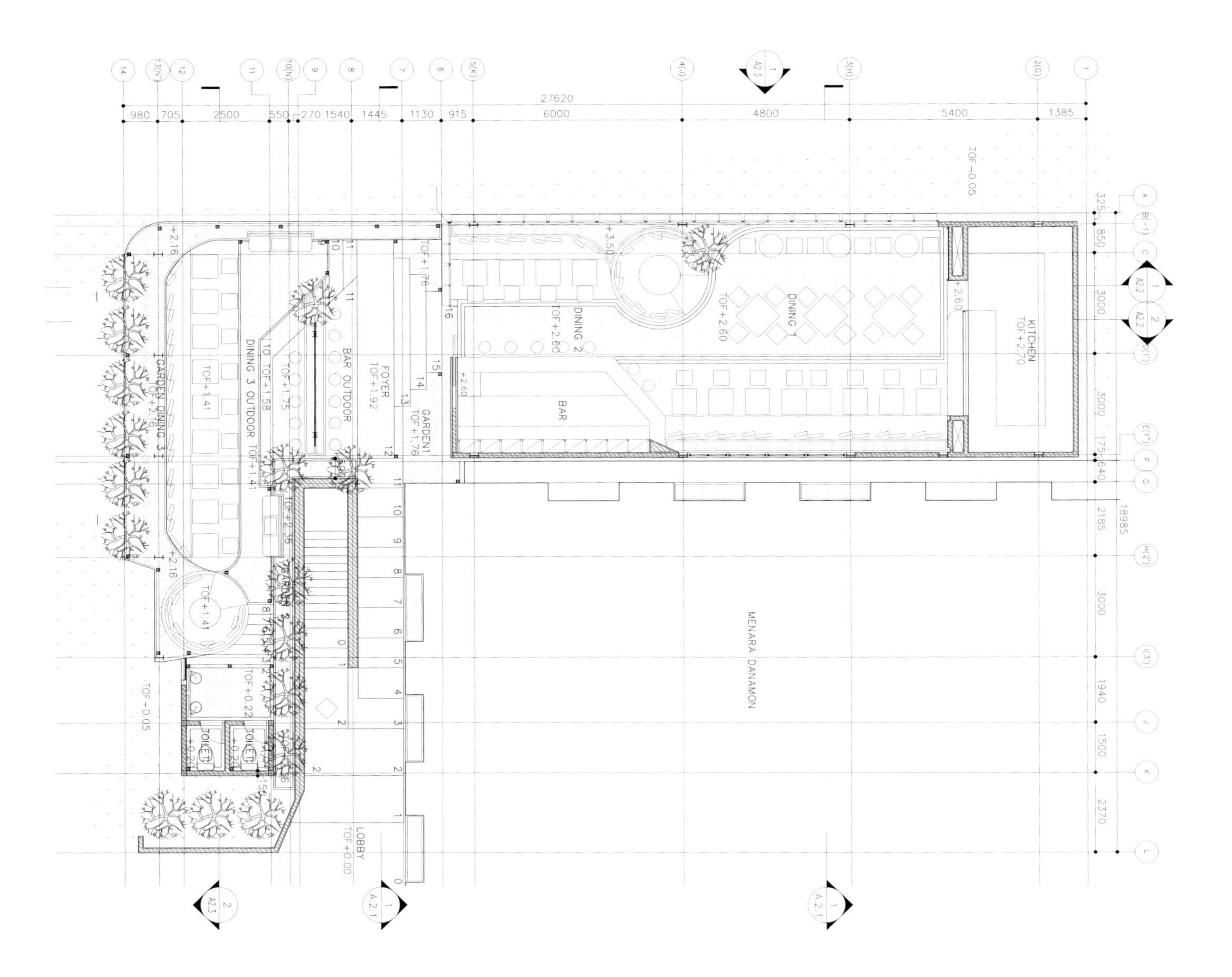

BOTTEGA

BOTTEGA

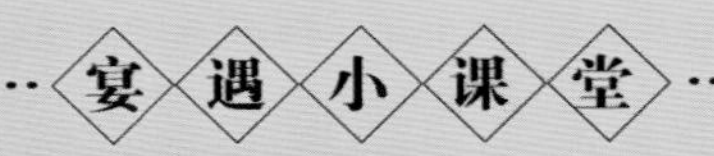

香芋餐厅

位置：西爪哇
设计公司：爱因斯坦联营
设计师：爱因斯坦
面积：1300 平方米

餐厅 VI 系统包含哪些内容（一）

VI 即（Visual Identity），通译为视觉识别系统，是 CIS 系统最具传播力和感染力的部分，是将 CI 的非可视内容转化为静态的视觉识别符号。在餐厅中，VI 系统包括但不限于：

1. 基础部分：LOGO、标准字、标准色、标准图形、标准组合。

2. 应用部分：

办公事物：名片、员工卡、便笺、手提袋、包装袋。

服装服饰：各层级管理人员男装（西服礼装、领带、领带夹）、各层级管理人员女装（裙装、西式礼装、领花、胸饰）、各工种服务员春夏服饰（男、女）、各层级厨师服饰。

“香芋”位于印尼西爪哇，是个休闲餐厅。邻近有很多重要的地标性建筑。除了总统茂物官邸，附近还有世界上最大、最古老的植物园之一——茂物植物园。“香芋”的设计灵感源于对该植物园的“端详”。该植物园距离印尼首都雅加达只有 60 千米，这一点并不为很多人所知。当地人之所以送其名“茂物”，是因为在荷兰殖民时期，此地曾作为东印度群岛总统夏日消暑的下榻之地，荷兰语中，“茂物”其实意为“不屑”，反映着当地人因为其地风景秀美而无虞的安全、平和心态。

“茂物”真可谓是热带的天堂。建筑、室内、景观把各种元素融于热带的天堂中。现代的热带建筑，丰富的各式热带色彩、植物统一在周围的环境中。空间量体如同位于美丽热带花园的正中央，是对设计理念的深挖掘，也是对“平和”与“不屑”的巧妙连接。建筑的平面布局以开放的态度，消除了内外的界限。

空间共分为主室内餐饮区、户外餐饮区、二楼室内餐饮区、屋顶就餐区四个区域。入内就是一段长长的热带丛林走廊。外面的水池传来的潺潺水声唤醒了内里行人的感观。绿植妖娆美丽，香氛自然、宜人。门厅可观空间的两个主区域，室内外主餐饮区。木、石、陶瓦等自然材质和谐地营造了温暖、舒适的餐饮氛围。

长长的线性、开放厨房欢迎着食客入内点菜、观看精美食物的烹饪过程。餐饮区中央的孔雀蓝马赛克地板恰成主餐饮区及户外餐饮区的连接点。黄色的沙发区，公共餐饮区，花园背景构成了整个主餐饮区的布局。自户外进入室内，人们感观上得到了享受。抬眼张望，除了美丽的蓝色花卉马赛克反射泳池，人们还可观赏清新的花园美景。热带色彩粉饰的家具，和美地走进人们的视线里。所有的户外家具，融洽地混合于花之中。天然贝壳制作的陶土瓦、奶油色水磨石在当做地板用材的同时，也构成了硬性的景观，再一次地在空间中发挥着自然的热带角色。因为正对着一楼餐

LEMONGRASS
LEMONGRASS

饮区的挑空设计，二楼相比一楼面积小了很多。鸟笼般的枝形吊灯、蓝色的花形马赛克、黄铜的框架形成此外空间的视觉焦点。主餐区内外没有划分界定，给人一种更加亲近、自然的感觉。有一墙面，以原生的奶油色石头作为主用材，同时用可回收木材加以混合，以起到点缀升华的作用。顶棚另外使用着中性的元素。顶棚使用的原始质感的水泥及可回收利用多层板平衡着整个空间及那些玩笑、嬉闹般的用材。除了主餐区，二楼还另外设有一个垂直花园及屋顶就餐区。相比屋顶轻松、自由的座席，二楼的座位显得更为正式。

屋顶餐饮区正好位于二楼主餐饮区后部的上面。那里风格更富有弹性、自由。不管是凭坐于长长的公共餐台旁，还是卧于休闲椅上，都可静观落日、花园。就是在这里，簇拥于热带花园之中，各色的家具，中式的蓝色壁画、主墙面上给人印象深刻的是可循环利用的木材。这是“茂物”的本质使然，也是热带天堂的感觉。

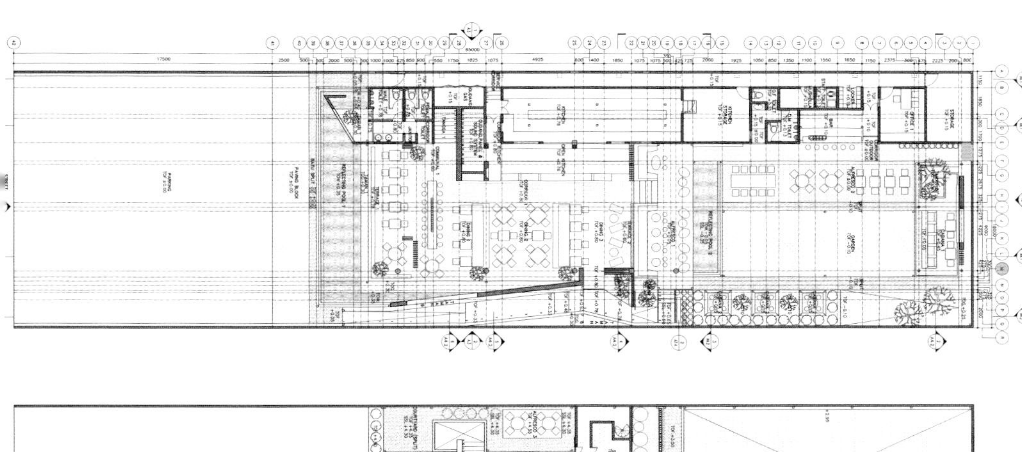

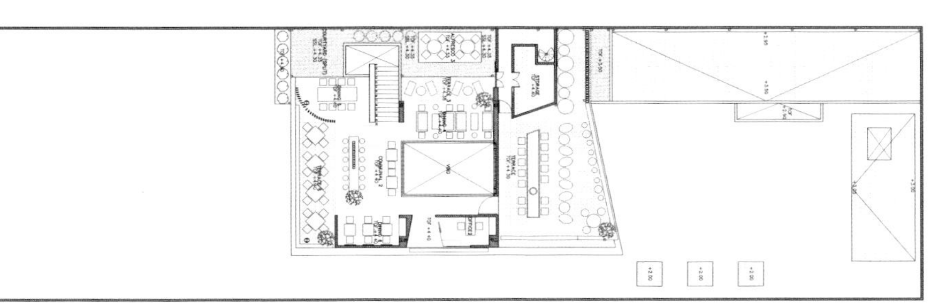

LEMONGRASS

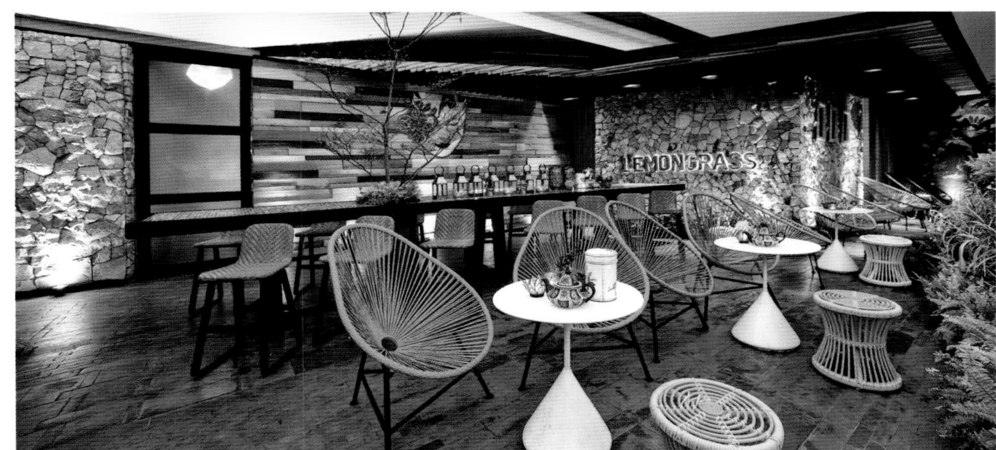
LEMONGRASS

LEMONGRASS

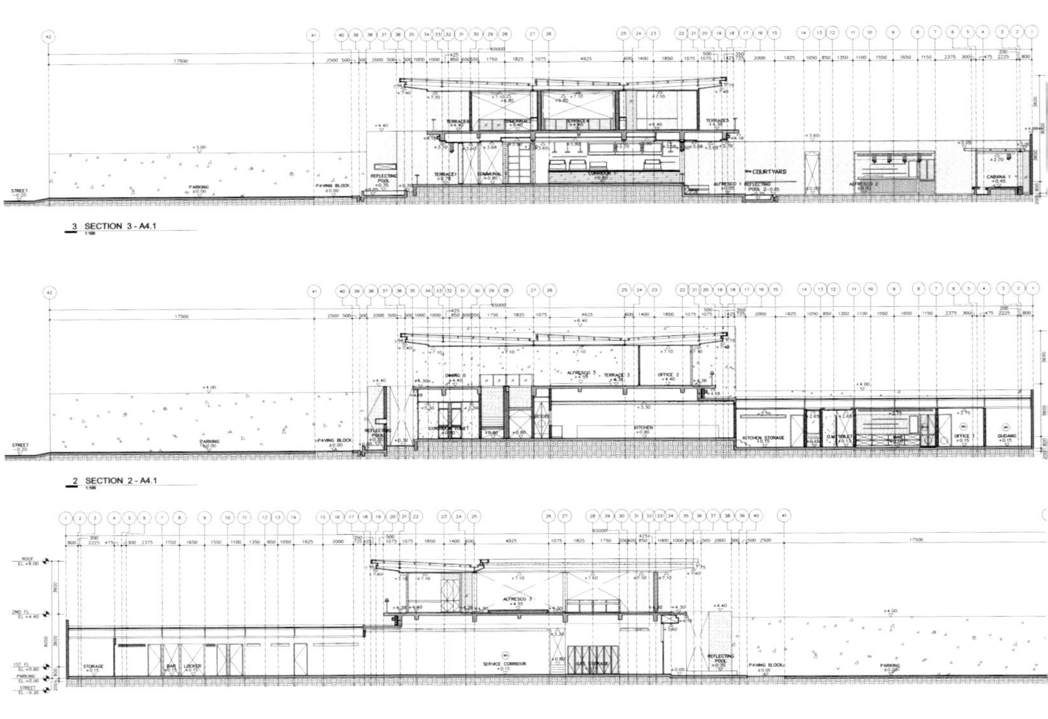
3 SECTION 3 - A4.1
2 SECTION 2 - A4.1

LEMONGRASS

LEMONGRASS

Segev 花园厨房

设计公司：亚龙工作室
设计师：亚龙、艾里特
摄影：亚龙

餐厅 VI 系统包含哪些内容（二）

指示系统：布告栏 、标语牌 、 户外立地式灯箱、停车场区域指示牌、接待台及背景板、 警示标识牌

标识系统：店面门头外观，店面户外招牌，店面名称标志牌，店面效果，店面横、竖、方招牌，店内形象墙，店内形象效果，台牌。

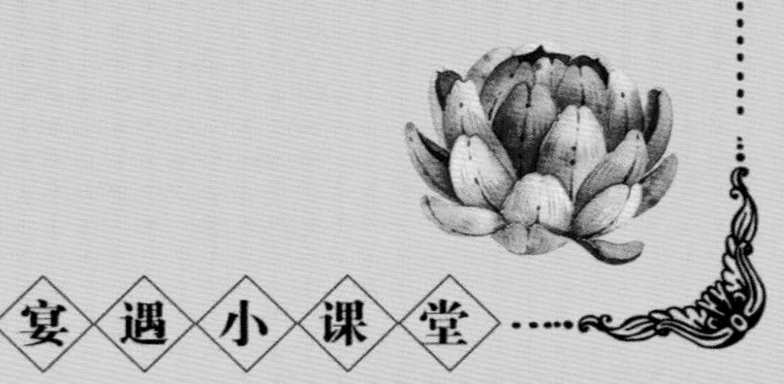

宴遇小课堂

Segev 花园厨房是一个名副其实的花园式餐厅，坐落在 Hod-Hasharon 特拉维夫附近。整个空间如同一个温室花园。绿色植物遍布全店，从遮阳篷到墙壁、落地窗前、顶棚、桌子间隔……到处都是一派生机勃勃的绿意。步入这家餐厅，恍如走进热带雨林般，清新舒爽。更为难得的是，室内室外种植了多个品类的香草，这些香草既是装饰，也是食材，不仅给餐厅提供了天然的材料，并给餐厅增添了缕缕新鲜的香气。

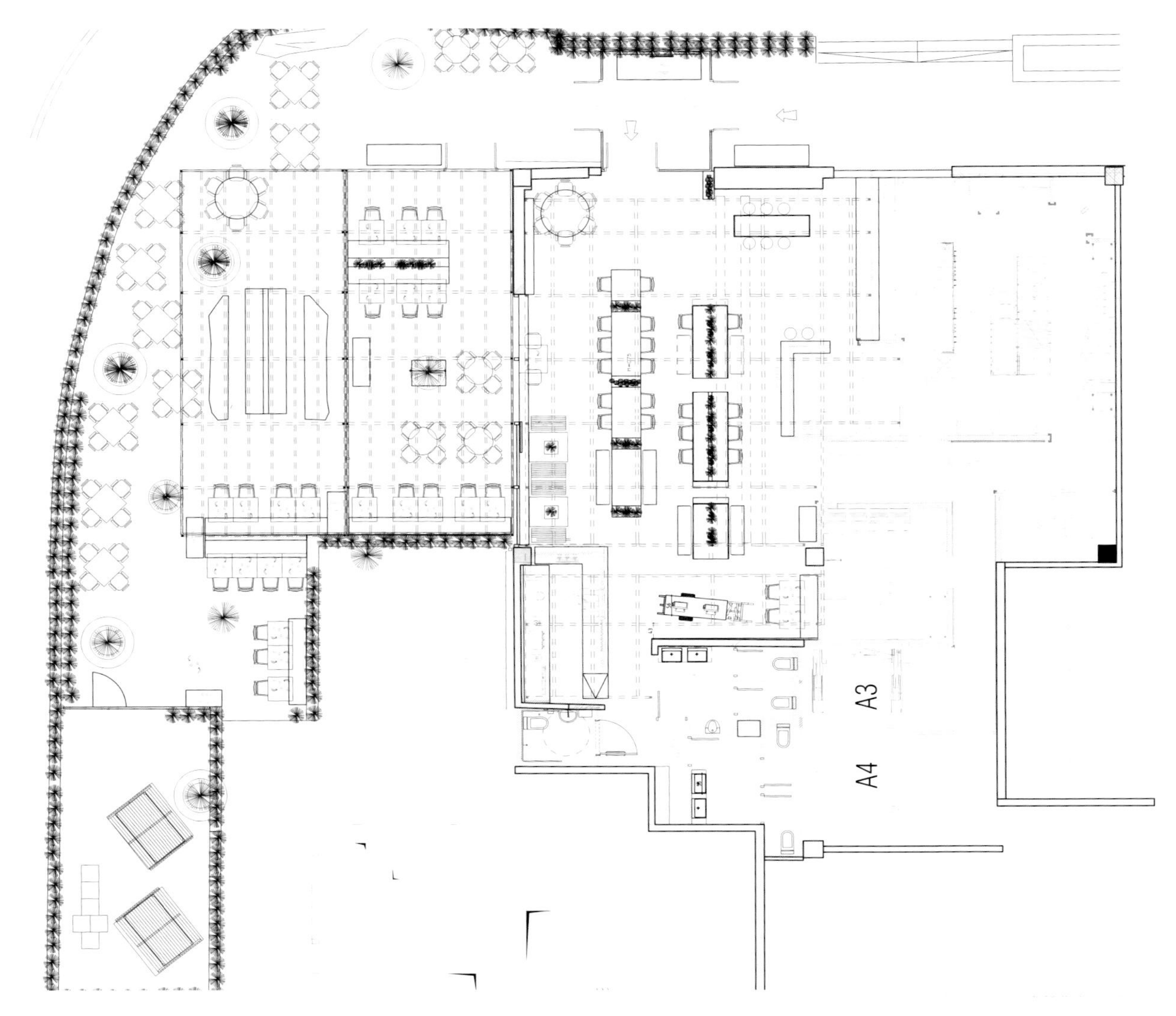
A3
A4

贤和庄

设计公司：香港大于空间餐饮设计组
设计师：陈杰
摄影师：周跃东
设计助理：林方静
软装设计：陈杰、俞鹏举
项目面积：420 平方米
工程地址：福州津泰路星光天地

宴遇小课堂

餐厅 VI 系统包含哪些内容（三）

餐饮系统：菜谱及封面设计、婚宴菜单、寿庆菜单、生日菜单、新菜品推广台座、筷套、牙签套、火柴盒 / 打火机、杯垫、客用调味品包、点菜单、宴会预定单、结账单、手袋寄存牌、非吸烟区挂牌、餐厅名称及标牌、各宴会厅小厅标牌、点饮料单、蛋糕盒、标价笺、餐客座位卡、客人订餐单、客人订餐单封套、请柬及封套、每日售买酒报表、订餐簿、饮品牌、酒牌、餐台纸、小食牌、酒水单、餐台纸、迪斯科、酒水单、台座卡、预定簿、会议信纸、宴会菜单卡、餐厅后台管理有关单据、簿表、 每日市场购货单、餐厅厅号设计、餐厅易耗品报损单、入库单、领料单、出库单、打包单。

地处喧嚣津泰路的星光天地，入口右转，就可以看到贤和庄的招牌，简洁明了的店招能让人第一眼就秒懂此处火锅一定与众不同。一排老船木，悬挂着的小木舟，三两错落排放的汽车轮胎，让您的就餐体验从候位区就开始变得有趣。

径直入内，水缸里静静的淌水声，爬满青苔的麻绳梯轻轻地摇曳，您一定会觉得它在向您招手，再驻足抬头，看看宣纸灯笼里暖暖的灯光，这样的场景总会让人流连。

接待台在您的右侧，是青砖灰瓦的墙面，略有几株绿植点缀，背景墙是一面色彩斑斓的旧木板，挂着大小各异的圆形镜面。

步入前厅，您就开始领略到起源于江边的老火锅文化，前台地面铺满花砖，顶上挂满翠绿的琉璃球，从入口跟进来的青砖瓦墙，正中悬挂的小木船和那撒下来的半张渔网，改造过的木制吊灯，还有眼前二楼的瓦檐，描述着关于老火锅的一切。

贯穿整个后区的植物墙，不仅给人视觉的震撼，也让人仿佛置身自然之中；郁郁葱葱的植被上挂饰着的木鱼，俏皮灵动。

把葱、姜、蒜绘在墙面上，鲜艳的色彩不仅让人食欲大增，也让整个空间显得更加有趣。

左侧各色旧木板饰面的隔断墙，装饰柜上整齐摆放的各类书籍和模型老爷车，新旧交错的装饰，缔造出更具冲击力的视觉体验。

雕花板、旧皮箱、火锅炉、色彩艳丽的川剧形象，还有顶上悬挂的木船和垂下来的渔网，在这个空间里一切都融合得那么自然，无论您坐在哪个位置就餐都能触及让人动容的景致。二楼空间全通透，不仅可以将一楼景致尽收眼底，还能领略户外自然的景致，显得浪漫优雅。

CAFE

陈林

陈林

辣
麻
鲜
guō
锅
香
脆

LAUNDRY

Eps 10

温室餐厅

客户：泰京拖拉机有限公司
室内设计：假设
建筑师：斯图 / D / O 建筑师
照明设计：在对比设计中
陶瓷设计：yarnnakarn 工艺美术工作室
植物学家：bankampu
承包商：PSM 设计
项目经理：项目联盟
面积：652 平方米
预算：170 000 美元

"Vivarium"（温室）餐厅，是泰国 Hypothesis 设计工作室屡获殊荣的新作，他们将曼谷一座拖拉机仓库以低成本改造成一座拥有热带雨林气息、生机勃勃，充满绿色植物的餐厅。仓库原有的结构保留不变，并涂成白色；新增的结构则刷成红色，形成鲜明的新旧对比。此外，为了降低装修的成本，设计师积极利用了现场可以找到的任何元素：铁门，钢管，枯枝，树根；甚至还动用了脚手架，让其成为空间中的装饰架。这个郁郁葱葱充满生命力的餐厅从地面、墙面，到顶棚都装点了植物，用活力、温馨的环境点题，创造出一个完美的生活容器。

餐厅 VI 系统包含哪些内容（四）

广告宣传规范：杂志广告规范、海报版式规范、大型路牌版式规范、灯箱广告规范、T 恤衫广告、横竖条幅广告规范、DM 宣传页版式规范、企业宣传册封面规范、版式规范、年度报告书封面版式规范、擎天柱灯箱广告规范 、墙体广告规范、楼顶灯箱广告规范 、户外标识夜间效果规范、柜台立式规范、易拉宝规范。

形象宣传规范：立地式 POP 规范、悬挂式 POP 规范、路牌广告版式规范、公务车车身形象规范、面包车车身形象规范、运输货车车身形象规范。

网络规范：自有网站规范，其他应用网站涉及可自行设计的网页页面规范。

微营销规范：各种新媒体界面规范，如微信、微博、QQ 群、APP、OTO、二维码。

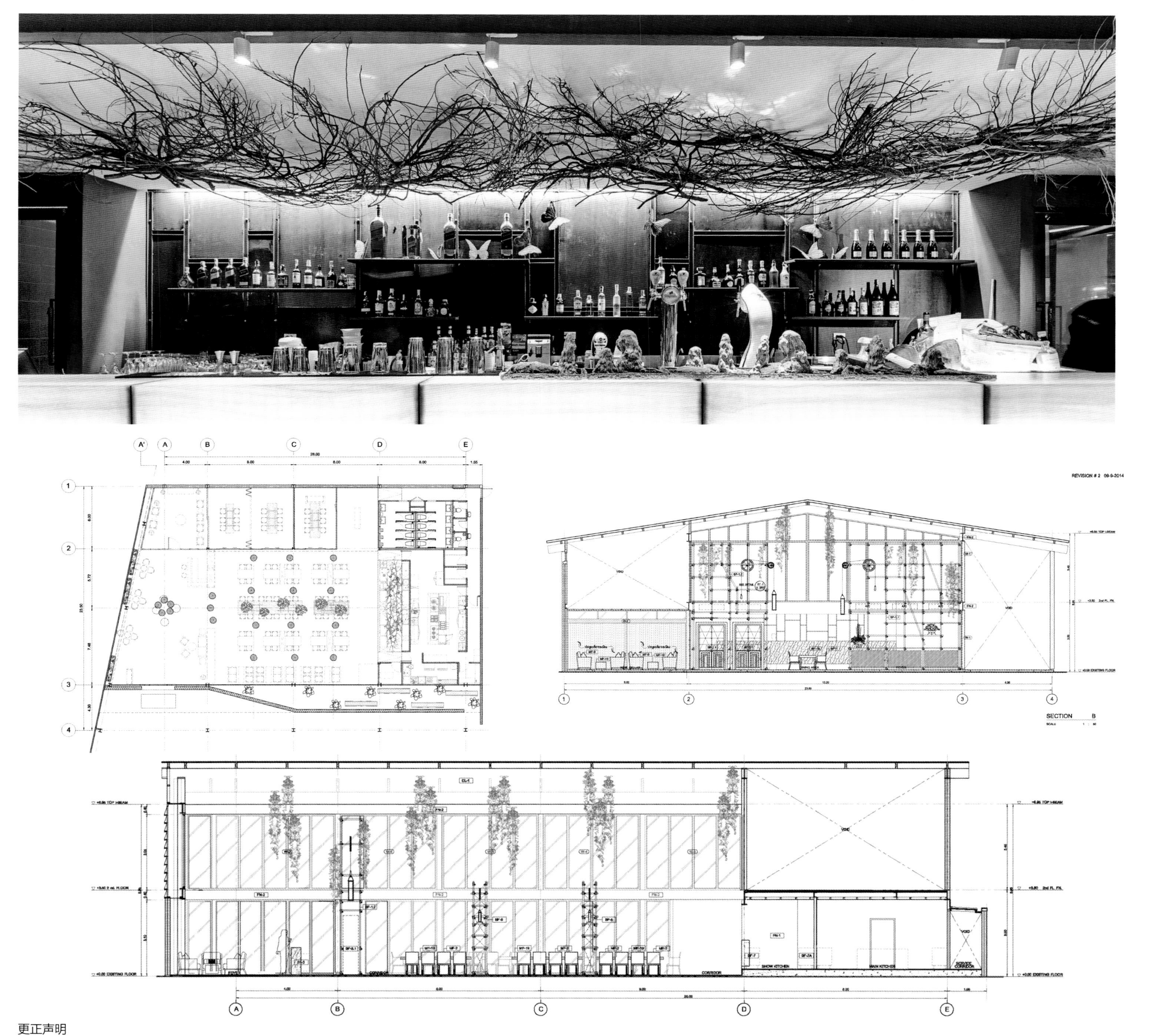

更正声明

上期《宴遇 - 餐饮空间 V》刊登的“金福轩”项目介绍中，设计公司和设计师刊登有误，经核实现更正如下：金福轩设计公司为苏州苏明酒店设计事务所，设计师为林孝江。本刊编辑部对因错刊给原创设计单位和设计师造成的不良影响深表歉意！

《宴遇 - 餐饮空间》编辑部

Eps 10

山萝餐厅

建筑面积：14 000 平方米
客户：Tien Doan Co., Ltd
摄影师：Hiroyuki Oki、
Vo Trong Nghia Architects
主建筑师： Vo Trong Nghia
助理建筑师：Vu Van Hai
建筑师：Ngo Thuy Duong、
Tran Mai Phuong

宴遇小课堂

怎样搭建餐厅管理架构？

一个较为完整的饭店管理架构通常为类似金字塔一样的三层：以总经理为首的高层管理，隶属于中层管理的部门经理、财务主管和厨师长，以及作为基层管理的领班和厨师。可以说这种架构分层方式是当下最好的选择，由上往下逐步展开，架构分明，同时各个层次也有一定的自由主导权，便于随时根据自身的情况进行相应的调整，以满足不同时期的需求。作为核心的技术人才，厨师队伍的管理是重中之重。只会炒菜的大师傅并不是厨师长的最佳选择，作为一个优秀的厨师，不仅需要精通烹饪技巧，善于吸纳各地的饮食文化，同时也要有一定的管理能力，能够将整个厨房管理得井井有条，让团队的配合更默契。

餐厅位于越南北部的一个有着丰富的自然风光的文化区内，由于地形复杂，建筑材料从外部运送过来比较困难，所以餐厅设计师充分利用当地的工人和现有材料。主要材料有石头、竹子。餐厅外墙是由石头砖组合而成，有多个入口；餐厅的顶部和梁、柱都是由当地的竹子构成，顶部留有天窗，可以充分利用自然光源。整个空间高阔而通风，并且夏季凉爽而冬季温暖。梁和柱体的连接相互扣联紧密，结构稳定，并且极具韵律。为了庆祝花开的季节，餐厅周围还种满了上百棵桃树，以便游客赏玩。

1- dinning room
2- semi-private terrace
0 1 5 10 m First floor plan
1- dining room
2- kitchen
3- bamboo dining hall
4- reception
5- office
6- pool
7- peach garden
Entrance
Access
0 1 5 10 m Ground floor plan

餐厅推广有哪些渠道？

在信息大爆炸的年代，每个人每天接收的信息都是非常多的，这个时候不能光抱着“酒香不怕巷子深”的理念做生意了，更多的时候需要商家主动出击，对自身进行包装宣传，可以通过比如：派发传单优惠券、定期或不定期举办优惠打折活动、媒体新闻广告、活动冠名赞助、公交车车体广告、网络推广、圈子营销、社区营销、微营销等手段对品牌进行营销。传统手法中的发传单和打折仍然非常有效，还可多用微营销圈定自己核心的消费群。

这是一个立足于本地，服务于国际的餐厅。设计师成功地跳脱出常见地中海风格手法的制约，打造出一个全新的地中海风情餐厅。餐厅里温暖、柔软、浪漫的氛围，优雅的空间，以及外部迷人的永恒风景，都让客人流连忘返。设计的初衷是提高观景品质并和谐与外部水景观结合，创造出类似于在游艇甲板上看夕阳的惬意气氛。建筑师引入“亭子”这一概念。亭子是构筑物，能够模糊室内空间与室外露台的边界。最终建筑师选择了一个白色的亭子构架与餐厅内部空间对接，创造出让人印象深刻的用餐环境。

室内、室外之间的隔断采用三扇通高的玻璃推拉门，将门推到一边，室内、室外能够完美无缝连接。就餐区主要分为三个区域：白色亭架下面的室外用餐区域，这里的座椅同为白色；室内用餐区，座椅为蓝色与红色，整个空间用色较深，像是在温暖舒适的船舱中；另外还有一个区域就是能品尝到地中海葡萄酒的美酒吧台区。三个区域有机组合，为客人带来不同的体验。

Prahran 酒店

设计公司：Techne Architects
面积：550 平方米
摄影师：Peter Clarke

宴遇小课堂

什么是 OTO 模式？

OTO 即 Online To Offline，是指将线下的商务机会与互联网结合，让互联网成为线下交易的前台，这个概念最早来源于美国。在 OTO 中，枢纽是店铺，店铺在网上吸引目标客群，将他们带到店铺来消费。

当今时代，食材成本、物料成本、租金成本、人力成本大幅上涨，靠提高菜价、延长营出时间都已无法改变成本高企的现状。如何在留住老客户的基础上不断开发新客户，是每个餐厅都应面对的关键问题。

OTO 的优势在于利用网络平台降低成本、化解流程、高效管理，这对餐厅营销具有非常重要的作用。

位于街角的 Prahran 酒店有着引人注目的外立面。一段外立面由混凝土管道形成，这些有深度的混凝土管道生动地圈起实际功能区，形象而戏剧化的造型赚足了游客的目光。一共使用了 17 根直径为 2.25 米的混凝土预制管，最重的单元总量达到 2.4 吨。这些管子成功地装饰了酒店立面，并提供了舒适的座位空间。这里明亮、耀眼，让人过目难忘。

酒店的大堂层高为双层高，一个绿意盎然的中央庭院为空间引入充沛的自然光。房间内的各个构件都直接暴露——钢结构或混凝土。作为对比，温暖的皮革还有木材装饰，以及鲜活的绿植；点缀在空间四处。

这个具备吸引力的空间营造出有亲密感的氛围，让人觉得舒适放松。不同的区域可适应不同人群的需求，从情侣到众聚，受众广泛。

PRAHRAN HOTEL
STOP

图书在版编目（CIP）数据

宴遇：餐饮空间. VI / 贾方，黄滢编著. — 武汉：华中科技大学出版社，2017.3
ISBN 978-7-5680-2225-5

Ⅰ. ①宴… Ⅱ. ①贾… ②黄… Ⅲ. ①餐馆－室内装饰设计－图集 Ⅳ. ① TU247.3-64

中国版本图书馆 CIP 数据核字 (2016) 第 226232 号

宴遇：餐饮空间 VI

YANYU : CANYIN KONGJIAN VI

贾方 黄滢 编著

出版发行：华中科技大学出版社（中国・武汉）
地　　址：武汉市东湖新技术开发区华工科技园华工园六路（邮编：430223）
出 版 人：阮海洪

责任编辑：杨　淼　　　　责任监印：张 贵 君
责任校对：赵爱华　　　　装帧设计：周婉 小瑜

印　　刷：深圳市雅佳图印刷有限公司
开　　本：880mm × 1230mm 1/12
印　　张：30
字　　数：324 千字
版　　次：2017 年 3 月第 1 版第 1 次印刷
定　　价：468.00 元

投稿电话：（010）64155588-8000
本书若有印装质量问题，请向出版社营销中心调换
全国免费服务热线：400-6679-118 竭诚为您服务
版权所有 侵权必究